大数据技术下的 城市街道空间 规划与设计

蒋应红　狄　迪————　编著

U0247770

同济大学 出版社
TONGJI UNIVERSITY PRESS
·上海·

内 容 提 要

本书主要介绍了大数据融合分析在城市街道空间规划设计中的关键技术，系统阐述了基于大数据技术的街道空间规划设计的理论框架、关键技术及方法体系，涉及街道品质与空间规划机理研究、街道空间品质测度分析与评价模型、高品质街道空间规划设计核心参数体系等内容。同时，本书对街道空间精细化设计的重要性进行了推广宣传，借此以期推动城市街道空间品质的提升。

本书内容系统性、专业性较强，适合从事相关设计领域工作的专业技术人员阅读参考。

图书在版编目（CIP）数据

大数据技术下的城市街道空间规划与设计 / 蒋应红，
狄迪编著. —上海：同济大学出版社，2023.7
ISBN 978-7-5765-0911-3

Ⅰ.①大… Ⅱ.①蒋…②狄… Ⅲ.①城市空间—空
间规划—研究 Ⅳ.① TU984.11

中国国家版本馆 CIP 数据核字（2023）第 153765 号

大数据技术下的城市街道空间规划与设计

蒋应红　狄　迪　编著

责任编辑 姚烨铭　　**责任校对** 徐春莲　　**封面设计** 王　翔

出版发行 同济大学出版社 www.tongjipress.com.cn
　　　　　（地址：上海市四平路 1239 号　邮编：200092　电话：021-65985622）
经　　销 全国各地新华书店
排　　版 南京文脉图文设计制作有限公司
印　　刷 上海安枫印务有限公司
开　　本 710 mm×1000 mm　1/16
印　　张 8
字　　数 160 000
版　　次 2023 年 7 月第 1 版
印　　次 2023 年 7 月第 1 次印刷
书　　号 ISBN 978-7-5765-0911-3

定　　价 68.00 元

编　委　会

前言
PREFACE

经过 40 多年的高速城镇化变革，中国城市的发展逐渐由高速推进向速度与品质兼顾转型，城市建设的关注点逐渐从大尺度、大规模的"造城"，转变成中小尺度的"营造"与"更新"。在此背景下，人们对于街道空间的关注会逐步从"形态导向"转变为"生活导向"，街道的更新与管控也从"二维平面"向更精细化的"三维空间"转变，进而对人本导向的分析与设计提出了更迫切的需求。因此，当代的街道空间规划设计需要更精细化的技术手段，为高品质的空间设计与更新提供有力支撑。

上海市城市建设设计研究总院作为国内最早涉足街道空间设计领域的专业设计院之一，不断探寻利用高新技术手段指导精细化的街道空间品质提升，在街道空间的规划、设计、更新等方面有着深厚的理论与实践积累，编制了多部街道设计标准规范，主持了全国多个城市的街道空间规划项目，本书的研究成果大部分源于此。

本书共六章。第 1 章街道空间的内涵与发展，对街道的概念、类型及街道空间品质进行了系统介绍，回顾了街道空间的发展历程；第 2 章大数据技术在街道空间规划与设计中的机理研究，依次介绍了多源数据交互环境与量化关联分析技术，并以此为主要技术手段，从多维度、多目标的角度出发，确定影响街道品质与空间规划的主导性因素；第 3 章大数据技术下的街道空间规划与设计关键技术，介绍通过建立街道空间品质测度体系，分别从街道空间形态、街道功能属性、街道出行行为、街道品质风貌四个方面，建立街道空间品质测度评价模型与算法、综合性定量评估框架，形成了基于大数据融合的街道空间规划设计的量化评价方法体系；第 4 章大数据技术在街道空间规划与设计中的应用，以上海为例，从宏观层面的区域到微观层面的街巷，基于大数据技术分别进行了分项、综合的量化评价，验证了街道空间品质测度体系、评价模型、算法的可靠性与准确性；第5章基于大数据的街道空间规划与设计参数研究，首先提出了街道空间规划设计参数体系构建的技术路线，其次选取了国内外城市的典型街区作为设计指标的提取样本，最后构建高品质街道空间规划与设计的核心参数框架体系，对参数取值范围提出相关建议；第6章上海市北横通道街道设计案例研究，通过选取实际规划项目，将前述章节提出的方法与技术进行了实际应用，并形成一套标准化的规划作业流程，包含设计思路、更新策略和更新效果。

本书的研究成果可广泛应用于城市街道空间品质的评估、规划、设计及更新中，为城市街道建设与品质提升提供理论基础和技术支持。希望本书能让您对利用大数据技术指导街道空间设计有一个较为全面的了解，推动以人为本的设计理念与精细化的设计方式能够不断发展与进步。

在未来的工作中值得我们注意的是：街道空间设计本质上是一种通过分析、组织和再塑造城市形态来创造美好城市空间、场所与城市生活的设计努力。因此，街道设计在当下不能、也不应该简单局限于形态设计和美学考虑。在街道空间设计进入精细化的时代，其研究与实践不仅需要精细化、大范围的空间形态基础数据作为工作基础，也需要在街道本底形态分析上有所突破，实现更深入、细致的空间形态特征分析。

参加本书编写的还有叶宇、王蓓、张涛、赵玉、刘晓倩、方雪丽等。同时，感谢上海市城市建设设计研究总院（集团）有限公司对本书研究工作的支持！

由于作者水平有限，书中难免存在不足，敬请广大读者批评指正。

编著者

2023 年 8 月

目　录
CONTENTS

1

街道空间的内涵与发展

1.1.1 街道空间概念

街道是指城镇范围内由两侧建筑及附属设施界定的线性空间。作为实现点对点的出行和人与人交流的桥梁，城市街道在城市空间中起到一定的联系作用，亦是城市空间的"骨架"之一，是组成城市公共空间的重要部分。从字面上来看，"街道"仿佛是"街"与"道"的组合。《辞海》对"街道"的释义是"供人车通行的道路"，《辞海》对"街"的释义是"两侧有房屋的、比较宽阔的道路，通常指开设商店的区段"，《辞海》对"道"的释义是"路途、途径"。"街"强调城市的文化、商业和社会活动的场所，而"道"突出"通"和"达"的基本作用。事实上，最初街道确实以交通功能为主，但随着城市尺度的不断扩大，街道越来越突出其生活性和社会性的功能。

街道与沿街的建筑、绿化等附属设施所围合的三维空间称作城市街道空间。从空间构成上来看，街道由水平界面和垂直界面围合，形成 U 形三维空间。从空间上来说，垂直方向主要是两侧建筑、行道树、构筑物等设施；水平方向主要以通道为主，承载着街道上不同使用者的日常活动，如图 1.1 所示。从功能构成上来说，街道蕴含了城市地域环境、时代背景、社会制度及行为活动的丰富信息，是人们休憩、展开社会活动的场所，如图 1.2 所示。

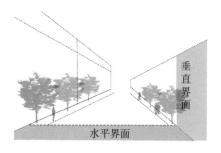

图 1.1　街道空间构成示意图　　　　　图 1.2　街道功能构成示意图

（来源：作者自绘）　　　　　　　　　（来源：作者自摄）

1.1.2　街道类型辨析

街道分类标准多样，其体系作为道路交通系统的高度提炼和概括，亦体现了一个时期人们对城市街道系统的整体认知水平。多个城市的街道设计导则和标准中的街道分类方式总结见表 1.1。

表 1.1　街道分类方式

参考材料	街道分类
《美国波士顿完整街道理念与实践的经验总结及对我国街道设计的启示》（2017）	中心区商业道路、中心区混合使用道路、居住区主要道路、居住区连通道路、居住区住宅道路、工业区道路、共享道路、公园道路和林荫大道
《印度街道设计手册》（2011）	依据宽度划分为 6 m、7.5 m、9 m、12 m、18 m、24 m、30 m、36 m、42 m 及含 BRT 系统的 18～24 m 道路
《洛杉矶街道设计导则》（2011）	一般街道类型分为林荫大道、林荫道、街道、巷道；特殊街道类型街道分为主街、机动街、公交步行街、自行车林荫道、节庆街道和共享空间
《芝加哥完整街道》（2006）	步行街、服务道路、社区街道、主要街道、连接道路和干道
《纽约街道设计手册》（2009）	通用车行道、形象林荫大道、公共交通道、社区慢车道和全步行街道
《以多元需求平衡为导向的街道设计——以〈阿布扎比街道设计手册〉为例》（2014）	依据街道的环境属性分为城市中心区、次中心区、商业区、居住区、工业区和无活力边界区；依据道路承载力属性分为主干路、次干路、支路和辅路
《上海市街道设计导则》（2016）	依据道路承载力属性分为快速路、主干路、次干路和支路；依据功能与活动分为商业街道、生活服务街道和综合性街道

续表

参考材料	街道分类
《南京市街道设计导则》（2018）	依据道路等级分为快速路、主干路、次干路和支路；依据功能性质分为交通、综合、生活和服务类
《上海城市道路分级体系研究》（2004）	主干路依据区域分为内外环间主干路、内环内主干路、次干路；依据周边用地类型分为交通性次干路、一般性次干路、景观性次干路

从等级分类上，可以将道路分成两种：一种是服务于交通流的交通干线，另一种是服务于建筑的连通接入型道路。美国按照道路交通流特性、道路两侧用地、道路间距和路网等级结构的差异，将道路分为高速路、快速路、主干路、集散型道路与本地道路及尽端路六个等级。《上海市街道设计导则》将道路分为快速路、主干路、次干路和支路四类。

从使用功能上，可以将街道分为商业性街道、生活服务性街道、景观休闲街道、交通性街道及综合性街道，如图1.3所示。商业性街道沿街布置中小型零售商业，形成一定的规模或具有某种业态特色；生活性街道布置以服务于本地居民为主的中小型生活性设施，如餐饮类、零售类以及公共服务设施等；景观休闲街道借助优美的自然景观或悠久的历史风貌，并配置适量的休闲活动设施；交通性街道界面围合性较强，以交通通行功能为主；综合性街道是两种或以上类型相互混合，街道功能多样化，混合程度较高。

商业性街道 淮海中路

生活服务性街道 雁荡路

景观休闲街道 苏家屯路

交通性街道 民生路

综合性街道 保屯路

图1.3 街道类型示意图
（来源：《上海街道设计导则》）

1.1.3 街道空间品质

公共空间作为城市各种活动的重要载体之一，与民众的生活息息相关，其"空间品质"已成为当今社会中诸多学科领域高度关注的话题之一，空间品质是对城市空间环境的整体评价。街道空间品质，将研究对象局限于街道，其本质涵盖了街道的客观空间质量与使用者的主观心理认知：客观空间质量是指路面、建筑界面、环境设施和树木等物质空间要素的好坏，主观内在感知指涉及城市物质空间作用下的人的安全、舒适、美观等更深层次的内在精神感受的展现。

1.2 街道空间的发展历程

古罗马建筑师维特鲁威在其经典著作《建筑十书》中提出了街道类型的想法，如君主所在的街道是"庄严肃穆的街道"，以及由各种朴素的事物形成的平民居住的"快乐街道"，这是最早对于街道类型的记载。培根在其《城市设计》一书中对于街道空间"动态"特性给出自己的解释："人们如果将感受街道的美好作为体验的重要过程，那么空间伴随着时间的推移而发生变化的关系就是设计师所要关注的核心。"他认为在城市街道设计中要考虑到街道随着城市的发展而发展的动态特性。

从 20 世纪开始，西方各国的城市建设进入快速发展阶段，伴随着机动车的大量出现与普及，街道设计开始遵从以机动车为核心的理念迅猛发展，如增加道路宽度及房屋的间距，反对传统的街道设计，提出了技术性街道设计的范式，提倡将车行通道和人行运动空间分类布置，使得城市街道逐渐丢失原有特色，并向单纯的交通空间转变。

随着城市发展逐渐从高速推进型转向速度和品质兼顾型，城市建设的关注点也逐渐从大尺度大规模的"造城"，转变成中小尺度的"营造"与"更新"。在此背景下，人们对于街道空间的关注会逐步从"形态导向"转变为"生活导向"，街道的更新与管控也会从"二维平面"向更精细化的"三维空间"转变，进而对于人本导向的分析与设计提出更迫切的需求，存量时代街道空间需要更精细化的测度，为品质导向的空间设计提供支撑。

与此同时，街道作为城市公共空间的重要组成，与人们的日常交往、工作出行息息相关，也是城市文化、历史的重要空间载体。对人们而言，街道是城市数量最多、活动最密集的公共开放空间。街道空间规划和导控从以往满足功能性的交通需求、美学性的城市美化向提升生活性的空间使用、日常性的空间感受来转变，进而催生了对于人性化、品质化街道空间设计的关注与提升需求。

街道空间设计本质上是一种通过分析、组织和再塑造城市形态来创造美好城市空间、场所与城市生活的设计努力。因此，街道设计在当下不能也不应该简单局限于形态设计和美学考虑。在街道空间设计进入精细化的时代，其研究与实践不仅需要精细化、大范围的空间形态基础数据作为工作基础，也需要在街道本底形态分析上有所突破，实现更深入、细致的空间形态特征分析。

2

大数据技术在街道空间规划与设计中的机理研究

大数据技术在街道空间规划与设计中的应用

2.1.1 多源数据交互环境

海量的开放数据，能够直观展现人们以何种频度、时长和感知来使用街道空间。传统城市设计一般关注街坊或地块的颗粒度，而高精度的多源数据能够在设计分析时精确到每一栋建筑甚至每一个企业机构的信息，数据层面的进步为多尺度、定量化把握场所的各种物质空间特征和经济社会属性提供了可能，如图 2.1 所示。

建成环境特征数据源于开放街道地图（Open Street Map，OSM）、百度、高德等互联网地图服务商，包含反映城市道路信息的道路中心线与道路等级数据、反映建筑形态与高度的三维建筑数据、绿地公园水系等开放空间数据等，能够叠合成可供精细化分析的城市空间大模型。一方面可以定量地分析城市形态、开发强度、分布密度等，另一方面可以进一步解析城市的交通可达性、生态破碎度等。此外，建成环境数据作为基础的空间本底平台，能够与其他数据叠加耦合，提供更为多样、人本导向的分析。

兴趣点数据（Point of Interest，PoIs）主要反映城市功能分布，其中基于高德地图和百度地图的兴趣点数据可涵盖国民行业分类标准里的各类业态，从而获取生活服务、社会服务、生产服务等城市职能。这一类数据与街道数据的叠合，可进一步识别街道的主导功能、

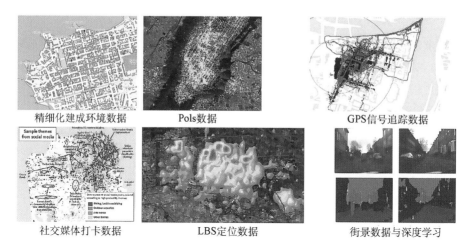

| 精细化建成环境数据 | Pols数据 | GPS信号追踪数据 |
| 社交媒体打卡数据 | LBS定位数据 | 街景数据与深度学习 |

图 2.1　多源数据的应用实例分析

功能密度与业态特色等信息，从而为街道活力的解析与营造提供支持。

各类位置服务数据（location-based service），包括 GPS 追踪数据、社交媒体数据、手机信令数据和百度热力图数据等，关注的是每天的人群活动，其颗粒精度能准确到分钟或秒，支撑测度海量行为活动及其感受，例如城市人群迁移流动的聚散规律、居民日常行为和预测活动需求，可以叠加街道数据进一步识别人群分布和空间集聚特征。

此外，谷歌、百度、腾讯等街景地图可以给使用者带来 360°全景式的街道空间实景信息，对其要素的捕捉反映了市民对街道风貌的感知，可协助以人本视角的空间品质研究的开展。例如谷歌街景近年来已被用于街道绿视率、空间安全感、街道空间品质等多方面的感知评价上。

2.1.2　量化关联分析技术

在多源数据不断涌现与应用的同时，一系列量化分析技术的发展也为更精细化、人本导向的街道分析提供了技术手段。首先值得一提的是，地理设计类技术与城市街道研究的结合，提供了一系列量化城市空间与形态分析工具，使得城市形态的高精度三维数据获取与分析变得简便易行，能够满足人本尺度街道空间品质分析所需精度的要求。与此同时，基于 ArcGIS 及 Python 的二次开发算法，为街道功能属性的识别和行为使用的测度提供了技术支撑。让我们能够基于每一个街道段单元展开计算，遍历大范围内的所有街道，满足实践导控所需。

此外，机器学习领域的多种算法与城市研究的结合也日益紧密。这些深度学习和机器学习的算法不仅能协助复杂且非线性的建成环境要素处理，实现更清晰的空间—行为交互归纳；还能实现诸多街道空间特征要素的精细化提取。以卷积神经网络等为代表的深度学习算法可以模拟人类感受分类，对街景偏好自动评价，探索怎样的街道会带来活泼、富有、无趣等感受，从而协助判定街道的品质与风貌。

不同于以往所谓的城市模型系统缺乏对设计目标和城市形态的考量而未被城市设计领域充分使用的情况，这些新近涌现的分析工具和技术直接依托传统城市形态与城市设计的理解，如图 2.2 所示。既能够被设计师有效接受，又能够在街区尺度层面开展分析，导出能直接作用于规划与设计的结果。

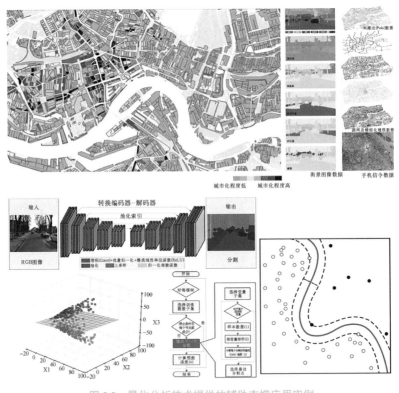

图 2.2　量化分析技术提供的辅助支撑应用实例
（来源：http://io.morphocode.com/urban-layers/）

由此可见，多源数据环境与量化分析技术可以提供精细化的城市空间基础数据、兴趣点数据、位置服务数据和街景数据，配合量化城市形态分析工具、机器学习算法等新技术。这些新数据和技术可以从街道空间形态、街道功能特色、街道行为使用和街道品质风貌四个维度辅助街道设计，如图 2.3 所示。既考虑了

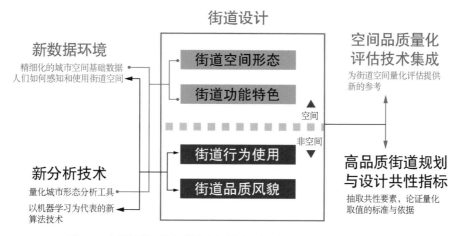

图 2.3   多源数据环境与量化分析技术为街道设计提供的多维度支撑
（来源：作者自绘）

空间与非空间视角，又能兼顾大范围分析和高精度，进而展开对街道空间品质的定量化评估，集成街道空间量化评估技术，并提出高品质街道规划与设计共性指标，为后续街道设计提供参考依据。

2.2 基于大数据的多维度街道品质与空间规划

伴随大数据与新算法、新技术的应用，在开展街道空间分析的过程中，人们可以不再依赖有限的小数据和主观经验，有"厚度"的多源数据和有"深度"的算法，有望极大程度地深化我们对于街道空间特征及其活力影响的评价精度与粒度。在分析尺度上兼具人本尺度的分析精度和城市尺度的分析范围，能够立足人感受，开展城市尺度的分析。在测度内容上实现"测度不可测"，做到对于多种与活力相关的空间感知要素的量化测度，协助分析的精细化。以大数据和开放数据为代表的新数据环境和各种新技术及方法在两个方向上为精细尺度下的街道空间品质测度提供了可能。

2.2.1   街道空间形态分析

以 OSM、高德地图、百度地图等为代表的开放数据在前所未有的大尺度下提供了包括街道、建筑、地块和街区等城市形态要素在内的精细化建成环境数据，由此可以在地理设计理念下克服其关注于小尺度、依赖手工分析的不足，进而对街道空间与形态开展精细化分析。

基于大数据的街道空间形态分析可分为三个方向，分别为人本尺度的街道空间视觉要素提取、人本尺度的街道断面特征计算、慢行导向的街道路网空间组构研究。其中，人本尺度的街道空间视觉要素提取考虑的是对街道空间中各类视觉感知的拆解，运用精细化建成数据对绿视率、道路机动化程度、天空可见度等指标进行拆解，提取各类人本尺度的空间街道要素；人本尺度的街道断面特征计算则是基于 GIS 技术和精细化建成环境数据，对大范围内的街道高宽比、贴线率、开发强度等开展计算；慢行导向的街道路网空间组构研究主要是结合精细化路网数据与 sDNA 等基于 GIS 平台的空间网络分析工具，对步行可达性、车行可达性等道路特征进行测度。

2.2.2　街道功能属性界定

PoIs 是对于城市中各项功能设施（商业、商务、餐饮和公共服务等）的空间反映。随着移动互联网的普及，网上数据与实体设施之间的关联度日益紧密，在一、二线城市可以做到基本一一对应，让这一数据源成为城市研究的重要数据。

从高德地图抓取 PoIs 数据分为发起请求、获取相应内容、解析内容和保存数据四个步骤，如图 2.4 所示。首先通过 Python 向高德地图服务器发起请求（request），获取目标网页的相应内容，再调用解析包解析相应的名称、类型、位置、营业时间和客单价等内容，最后保存为本地文件。

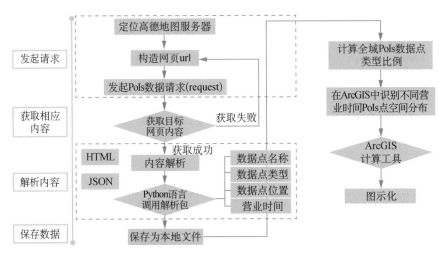

图 2.4　PoIs 数据获取与分析步骤
（来源：作者自绘）

基于 PoIs 数据分析能够快速对大范围内的街道功能属性进行分析，通过选取代表生活便利设施的 PoIs 数据（蔬果市场、便利店、快递柜、维修点和美发店等），与精细化街道路网开展空间分析，从微观角度反映市民在日常生活中所感受到的街道功能。基于 PoIs 数据分析街道功能属性研究大致可分为下述三个方向。

1）街道主导功能的计算与提取

主导功能往往以道路中心线为基准，分析不同街道段若干半径内的缓冲区中单位长度 PoIs 的种类和数量，将单类 PoIs 密度超过分析区域 75% 的街道功能视为主导功能。

2）街道功能混合度的计算与分析

这一特征对街道活力有较大影响，是塑造高品质街道的关键要素之一，与传统城市规划中的混合度高低评价不同，PoIs 数据的丰富性可支持更为细致的分析。目前通过将生态学领域的多样性指标引入街道分析中来，其中香农–维纳指数 $\left(H'=-\sum_{i=1}^{S}p_i\ln p_i\right)$ 已在较多的建成环境研究中得到运用，为功能混合度计算提供支持。

3）街道功能特色的计算与分析

根据 PoIs 数据分布模式、密度等空间规律，将街道划为生活型街道、商业型街道和景观休闲型街道等，从而助力街道活力的形成，以此建立了街道可步行性测度指标体系。

街道功能特色识别是近年来在街道设计导则编制中精细化研判街道特色的一种分析维度，例如在《厦门市街道设计导则》的"数读厦门"专题中的"从功能属性看街道职能"，通过计算道路两侧不同范围内交通、景观、场所等设施的多少，识别街道的公共交通指数、文化指数、自然景观指数等，判定街道的特色禀赋，如图 2.5 所示。

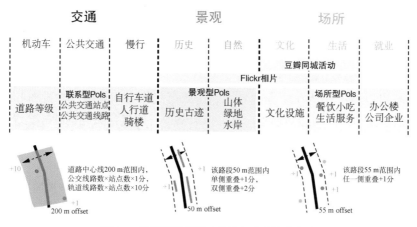

图 2.5 厦门街道导则中的特色道路计算方法
（来源：《厦门市街道设计导则》）

2.2.3　街道出行行为分布

随着移动互联网与手机 GPS 的普及，我们能够通过各类移动互联网获取更全面、更有时效性的数据来对人群活动的时空分布进行评估，其中主要包含利用两类数据对街道出行行为分布开展相关评估工作。

1）地理位置服务（Location-based service，LBS）数据

LBS 对日常生活中人群在城市空间内使用手机进行阅读、社交、购物等移动互联网服务时，会产生用户主动发起或被动记录的位置服务数据。这类基于智能手机 App 的 LBS 数据具有分辨率高、覆盖全面等优点，其采样精度比手机信令更精细，可达 20～30 m，有助于长时间精准评估街道人群活动。如图 2.6 所示，利用互联网位置服务数据，能够获取市民行为与时空轨迹分布，进而识别高活力街道和特色街道，例如夜间经济、重要景点热力等；通过利用 ArcGIS 对人群位置进行核密度分析，观察人群聚集程度高的地区。

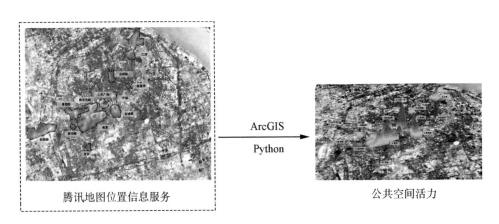

腾讯地图位置信息服务　　　　　　　公共空间活力

ArcGIS
Python

图 2.6　LBS 数据分析示意图
（来源：作者自绘）

2）社交媒体签到数据（Social media check-in data）

用户可以通过在所在地签到表示到达城市实体空间环境，并发布相关图文微博来描述活动经历与感知体验。通过抓取某一时期包含关键词的社交媒体签到数据，开展抓取和空间分析，可以得到公众对于城市和街道等公共空间认知意象的直观反映。

新浪微博作为国内最大的社交媒体，2017 年年底的月用户活跃量已达 3.92 亿，对于市民的认知意象具有较好的代表性效果。目前微博签到数据和内容词频分析已被广泛用于表达用户在城市活动的分布和频率，进而发掘市民对于城市空间的

使用强度、认知与活动，以及对不同街道的感知意象。如图 2.7 所示，具体数据获取及处理步骤包括发起请求、获取数据、解析内容、保存数据和数据处理五个步骤。

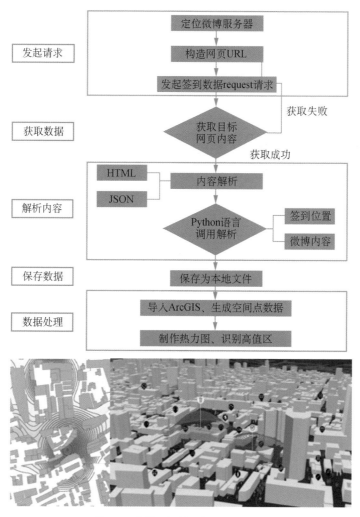

图 2.7　微博数据获取与处理示意图

（来源：作者自绘）

2.2.4　街道品质风貌评价

以往基于图像的街道品质与风貌研究大多是基于手工拍摄的街道图片来开展，能较为准确地开展小规模的研究，但由于技术所限，在数据搜集和处理方面较为繁琐，难以满足城市规划实践所需要的高效测度需求，进而导致实践中推广运用困难。近年来深度学习和图像识别技术向建成环境领域的不断拓展，为以往难以定量、精细化测度的要素提供了新的可能。Tensorflow 是谷歌研发的第二代学习系统，被用于语音识别或图像识别等多项机器学习和深度学习领域。如图2.8 所示，图像识别包括图像标签、语义分割和目标监测三种方法，其中语义分割是将图像的像素按照图像中的内容进行分类归纳。在城市规划领域，图像识别技术能够将人群、建筑、绿化、道路等街道空间要素转化为街景图像数据，进行高精度分析。

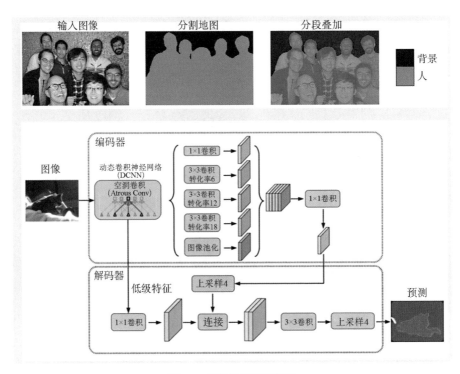

图 2.8　图像原理识别示意

（来源：https://icode.best/i/12642911961947）

具体而言，当前图像识别技术运用深度卷积神经网络构架已能够实现精准的街景要素识别，进而实现人本尺度的街道空间品质、街道色彩与街道慢行品质评价。目前较为广泛使用的算法是 Deeplab 这一图像语义分割的深度学习算法，其以卷积神经网络为主干架构。所使用的标注数据集是由奔驰公司推动发布的Cityscapes 评测数据集，是自动驾驶领域内公认成熟权威的图像分割数据集之一，对街景的识别准确率较高。基于 Python 计算机语言，可以在 Tensorflow 平台上整合 DeepLab 算法和 CitySpaces 标注数据集开展训练，从而实现大规模、高精度的街景数据抓取与语义分割，如图 2.9、图 2.10 所示。

斯图加特　　　　苏黎世　　　　乌尔姆　　　　图宾根

明斯特　　　　科隆　　　　波恩　　　　爱尔福特

萨尔布吕肯　　　萨尔布吕肯　　　纽伦堡　　　纽伦堡

埃朗根　　　　埃朗根　　　多特蒙德　　　多特蒙德

图 2.9　Cityscapes 精细与粗略数据集对比
（来源：https://www.cityscapes-dataset.com/examples/）

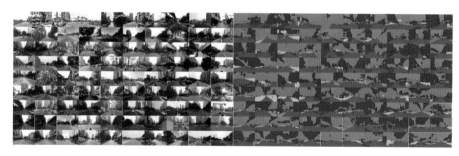

图 2.10　街景识别示意
（来源：作者自绘）

在整合街景数据和深度学习的街道空间要素提取的基础上，研究者向多个方向开展了探索，包括视觉要素提取、街道色彩计算和空间品质测度等三个方面：在视觉要素提取方面，绿视率、视野开阔度等视觉要素能够被图像分割后精准计算占比，为街道空间视觉特征的提取展现了新的技术路径。在街道色彩计算方面，识别后的街景图像数据支撑街道色彩的计算与分析，为色彩领域的导向与分析提供协助；在分割建筑要素后，基于相应 K-means 算法统计建筑层所在像元的色彩值，进而测定街道的色彩基因库。在街道空间品质测度方面，基于精细化的街道空间特征，可以实现街道场所品质测度框架的构建。

由此，在人工神经网络算法的支持下，可集成大样本街景品质比较，实现兼具大规模和高精度的街道空间品质评价。

3

大数据技术下的街道空间
规划与设计关键技术

3.1 街道空间品质测度分析

　　基于大数据技术的支撑，构建多源数据与深度学习算法支持下的街道空间品质测度框架，该框架从四个分析维度、两级指标对街道空间进行测度。街道空间形态分析维度包括视觉特色、断面特色和空间组构三个一级指标，主要运用精细化建成环境数据和地理设计理念对街道的高宽比、可达性等特征进行反映；街道功能属性分析维度包括主导功能、功能混合度和功能特色识别三个一级指标，主要采用PoIs数据进行街道段功能特色的识别；街道行为使用分析维度包括精细化路段活力、城市意象分析与特色街道识别两个一级指标；街道品质与风貌分析维度较为综合，包括空间品质、色彩基因库、慢行品质和生活便利度四个一级指标，以街景数据和深度学习算法为主，评价空间品质高低和风貌特色，见表3.1。

表 3.1　街道空间品质测度体系框架

分析维度	评价体系		技术公式
	一级指标	二级指标	
街道空间形态	街道空间视觉特色	街道绿化可见度	街景照片中绿化要素的占比
		道路机动化程度	街景照片中机动车道路面的视野率占比
		城市步行空间	街景照片中人行道路面的视野率占比
		围合度	1 减去街景照片中天空的视野率占比
	街道空间断面特色	街道高宽比	$R=\dfrac{H_i}{W_i}=\dfrac{\sum\limits_{i=1}^{n}h_i}{\sum\limits_{i=1}^{n}w_i},$ 街道高宽比 = 街道平均建筑高度 / 街道宽度
		街道贴线率	$P=\dfrac{\sum\limits_{i=1}^{n}B_i}{2L},$ 街道贴线率 = 完整街墙长度 / 路段长度
		街道开发强度	$F(I)=\dfrac{\sum\limits_{i=1}^{n}B_I}{S_A},$ 街道开发强度 = 建筑总量 / 用地面积
	街道空间组构特色	路网密度	$D=\dfrac{\sum\limits_{i=1}^{n}L_i}{S_A},$ 路网密度 = 道路长度 / 区域面积
		步行可达性	分析半径为 500 m 时基于角度距离的中间性
		车行可达性	分析半径为 10 000 m 时基于角度距离的中间性
		街道聚类结果	基于空间句法与聚类分析
街道功能属性	街道主导功能	—	街道两侧 50 m 内医疗、科教、体育休闲、生活服务、购物、餐饮、交通和景点这八大类设施中占比最高的类别
	街道功能混合度	—	基于香农-维纳指数计算
	街道功能特色识别	公交便利道路	街道两侧不同半径内的公交站点多少
		景观紧邻道路	街道两侧不同半径内的风景名胜 PoIs 少
		夜间活力道路	街道两侧夜间营业店铺营业时长、客单价高低
街道行为使用	精细化路段活力	工作日	相应时段街道周围 50 m 半径内人群集聚程度
		周末	
		全周	

分析维度	评价体系		技术公式
	一级指标	二级指标	
街道行为使用	城市意象分析与特色街道识别	城市意象分析	—
		社交媒体上的特色街道	—
街道品质风貌	街道空间品质	—	基于街景数据与人工智能算法评分得出
	街道色彩基因库	—	基于街景数据与色彩识别算法
	街道慢行品质	—	基于聚类算法与空间分析
	街道生活便利度	—	$LC_i = T_i \times N_i \times V_i$，居民从任意建筑出发，15 min 出行范围内可接触的设施数量与多样性和各类设施权重乘积的测度

3.2 评价模型与算法研究

3.2.1 街道空间形态模型

根据数据源与分析技术的不同，空间视觉特色在精细化建成数据的基础上叠加了街景数据，使用图像识别算法进行分析，目的是提取街道中的绿化、机动化程度、可步行性等因素；空间断面特色主要源于高德地图和 OSM 路网的精细化建成数据，在地理设计的理念下开展对街道高宽比、街道贴线率的分析。此外，空间组构特色主要是采用 sDNA 和 SPSS 软件对街道空间结构所形成的拓扑特征进行探讨。

1）空间视觉特色

主要关注于可见度、围合度、道路机动化程度和城市步行空间等要素。运用卷积神经网络工具（SegNet）对要素类别进行图像切割，可以测度天空、建筑、绿化和道路等不同街景要素的占比，如图 3.1 所示。

（1）街道绿化可见度

街道绿化可见度为绿色植被在街景图像中像素点的比例，具体公式为

$$A = \frac{\sum_{i=1}^{n} \frac{G_i}{S_i} \times 100\%}{n},$$

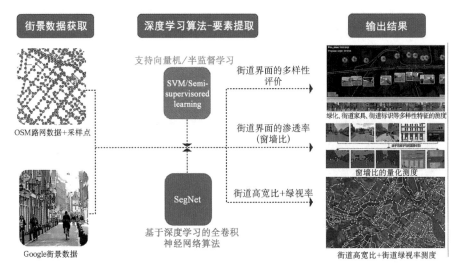

图 3.1　街景数据获取与图像识别示意图
（来源：作者自绘）

其中，A 为街道的绿化可见度，G_i 为第 i 个采样点的绿化像素点，S_i 为第 i 个采样点的全部街景像素点。

（2）道路机动化程度

道路机动化程度为机动车道在街景图像中像素点的比例，具体公式为

$$C = \frac{\sum\limits_{i=1}^{n} \dfrac{R_i}{S_i} \times 100\%}{n},$$

其中，C 为街道的道路机动化程度，R_i 为第 i 个采样点的机动车道像素点，S_i 为第 i 个采样点的全部街景像素点。

（3）城市步行空间

步行空间为人行道在街景图像中像素点的比例，具体公式为

$$E = \frac{\sum\limits_{i=1}^{n} \dfrac{F_i}{S_i} \times 100\%}{n},$$

其中，E 为街道步行空间，F_i 为第 i 个采样点的人行道像素点，S_i 为第 i 个采样点的全部街景像素点。

（4）围合度

围合度为总量减去天空像素在街景图像中像素点的比例，具体公式为

$$G = 1 - \frac{\displaystyle\sum_{i=1}^{n} \frac{K_i}{S_i} \times 100\%}{n},$$

其中，G 为街道围合度，K_i 为第 i 个采样点的天空像素点，S_i 为第 i 个采样点的全部街景像素点。

2）空间断面特色

基于精细化建成环境数据来开展分析。主要关注街道高宽比、街道贴线率和开发强度等要素。

（1）街道高宽比

适度的街道高宽比，能使观察者有充分的距离来观察建筑的空间构成，街道尺度感觉较为舒适。良好的步行街街道高宽比在 0.5～2 之间。传统评估只能对一条街道的某几个断面，或选取几条典型街道的少量断面进行街道高宽比计算，不利于掌握精细化的空间特征。本书通过 ArcPy 这一 Python 接口编写分析程序，在 ArcGIS 平台中开展自动化计算，从而高效地测定原本不可测的大范围道路高宽比特征，具体计算公式为

$$R = \frac{H_i}{W_i} = \frac{\displaystyle\sum_{i=1}^{n} h_i}{\displaystyle\sum_{i=1}^{n} w_i},$$

其中，R 为街道高宽比，h_i 为两侧建筑高度，w_i 为路段两侧建筑间距，即：街道高宽比 = 街道平均建筑高度 / 街道宽度，如图 3.2 所示。

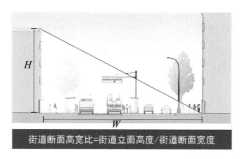

图 3.2　街道高宽比示意图

（来源：作者自绘）

（2）街道贴线率

贴线率能反映街道界面的整齐度。较为整齐的街道界面，有利于街道界面的围合，营造较为亲切的界面，有助于街道活力的产生。本书以各地详规技术准

则设计贴线率的算法，基于 ArcPy 开发自动化分析程序，基于 ArcGIS 平台开展空间分析。通过将建筑立面逐一投影到最近街道上，计算由多个建筑立面构成的街墙长度占所在街道长度的百分比，具体计算公式为

$$P = \frac{\sum\limits_{i=1}^{n} B_i}{2L},$$

其中，P 为贴线率，B_i 为路段两侧建筑面宽，L 为街道段的长度，即：贴线率 = 街墙长度完整 / 路段长度，如图 3.3 所示。

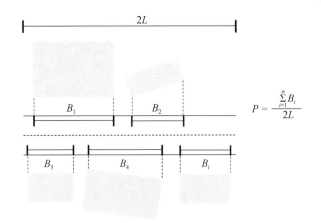

图 3.3　贴线率示意图

（来源：作者自绘）

（3）开发强度

适宜的开发强度能够集聚人口、产业，给周边街道带来一定的活力。基于建筑三维空间数据，计算道路中心线两侧 100 m 附近的开发强度，具体计算公式如下：

$$F(i) = \frac{\sum\limits_{i=1}^{n} B_i}{S_a},$$

其中，$F(i)$ 为开发强度，B_i 为路段附近建筑总面积，S_a 为该道路段两侧 100 m 区域的面积，即：开发强度 = 建筑总量 / 用地面积。

3）空间组构特色

（1）路网密度

合理的路网密度是高品质街道形态的特征之一，本书将路网密度按道路中

心线两侧 500 m 的路网长度进行逐一分析，专注于每一段路网及其周边情况，具体计算公式如下：

$$D = \frac{\sum\limits_{i=1}^{n} L_i}{S_a},$$

其中，D 为路网密度，L_i 为单一道路段的里程，S_a 为该道路段两侧 500 m 区域的面积，即：路网密度 = 道路长度 / 区域面积。

（2）步行与车行可达性

基于 sDNA 对道路的空间组织结构进行了步行适宜性的评价与聚类。本书基于角度距离的"穿行度"作为道路网络可达性的度量值。穿行度计算的是每个街道 x 在特定分析半径内被其他任意两个街道段 y 和 z 之间最"短"路径穿过的次数，反映了该街道段的通行潜力。其具体公式如下：

$$Betweenness\ (x) = \sum_{y \in N} \sum_{z \in R_y} P(z)\ OD(y, z, x)。$$

$$OD(y, z, x) = \begin{cases} 1, & \text{if } x \text{ is on the shortest path from } y \text{ to } z; \\ \dfrac{1}{2}, & \text{if } x = y \neq z; \\ \dfrac{1}{2}, & \text{if } x = z \neq y; \\ \dfrac{1}{3}, & \text{if } x = y = z; \\ 0, & \text{otherwise}。 \end{cases}$$

本书采用基于角度距离的中间性作为道路网络可达性的度量值，不同的分析半径意味街道组织结构对相应距离出行的适应性，500 m 常被认为是步行舒适距离，大尺度的半径则更适宜车行等通勤交通。本书选择半径 500 m 至 10 000 m 对城市街道进行连续分析。街道的导控策略考虑了基于聚类分析所抽取的街道空间组构特征。具体来说，运用 SPSS 对 R 500 m 至 R 10 000 m 的分析结果做 min-max 标准化处理，具体公式如下：

$$x^* = \frac{x - x_{min}}{x_{max} - x_{min}}。$$

再将归一化后的结果作为变量，进行聚类分析。

3.2.2 街道功能属性模型

为了全面客观地研判街道功能，根据街道功能的构成层次，可开展主导功能、功能混合度以及功能特色识别方面的量化分析。

1）街道主导功能

基于 PoIs 数据与空间分析实现。主要关注于各个街道路段的主导功能识别。将抓取的 PoIs 数据根据性质分为医疗、科教、体育休闲、生活服务、购物、餐饮、交通和景点这八大类设施，接着运用 ArcGIS 里的空间连接（Spatial Join）分析，获取每条街道段数量最高的 PoIs 类型，同时该类 PoIs 占比高于 70% 时，视为该街道的主导功能。

$$\text{if } poi_i = \text{mode}(poi_1, poi_2, \cdots, poi_8) \text{ and } \frac{poi_i}{poi_1 + poi_2 + \cdots + poi_8} > 70\%,$$

$$J = poi_i,$$

$$\text{else } J = 0,$$

其中，J 为该街道主导功能，poi_i 对应相应的 poi 类型。

2）街道功能混合度

主要关注于各个街道路段的混合度识别，适度的功能混合能使生活更为便利，促成街道活力的产生。计算公式为香农-维纳指数：

$$H' = -\sum_{i=1}^{S} p_i \ln p_i,$$

其中，p_i 为此类 PoIs 数占总体 PoIs 比例。

3）街道功能特色识别

街道功能特色识别主要关注街道的公交便利、景观紧邻、夜间活力等方面。利用 ArcGIS 里的空间连接（Spatial Join）分析，将相应的 PoIs 数据和精细化路网数据进行叠合，可以计算不同道路段周围相应特色 PoIs 分布情况，从而识别街道是否具有某些特色功能。

公交便利关注街道周围 150 m 内公交站点数量，具体计算公式为

$$K = \text{count}(poi_{公交}),$$

其中，K 为街道公交便利特征，$poi_{公交}$ 为 150 m 内的公交站点 PoIs。

景观紧邻则关注街道段两侧 150 m 内绿地水体的数量多少，具体计算公式为

$$L = \text{count}(poi_{绿地} + poi_{水体}),$$

其中，L 为街道景观紧邻特征，$poi_{绿地}$ 和 $poi_{水体}$ 为 150 m 内的景观绿地和景观水体 PoIs。

街道两侧商铺的夜晚营业时长和客单价则可较好地反映街道的夜间经济特色。通过收集夜间营业的 PoIs 分布，统计街道两侧该类店铺的多少可以获取夜间活力街道分布，客单价则是计算 150 m 内所有店铺的平均客单价，计算公式为

$$Y = \text{count}(poi_{夜间店铺}),$$

$$M = \frac{m_1 + m_2 + \cdots + m_n}{n},$$

其中，Y 为街道夜间活力特征，M 为街道客单价，m_n 为周围第 n 个商铺的客单价。

3.2.3 街道出行行为模型

对出行行为来说，既包含活力的表征，即全天候、多时段地使用街道情况，也指活力的深度，即进行社会交往、社会停留和对街道的认知。因此我们根据不同的数据源，对街道活力进行测度。本书基于 LBS 出行数据可以获取工作日和周末人们的活动，而基于社交媒体数据可以从人们的打卡行为识别街道意象，二者相互补充，共同分析街道的行为使用。

1）精细化路段活力识别

基于 LBS 数据，主要关注街道活力和市民使用。LBS 数据由 Python 经 HTTPS 调用腾讯宜出行平台位置服务 API（https://apis.map.qq.com/）获得，工作日和周末 10 个时间段抓取的数据量，以上海中环内为例，见表 3.2。

表 3.2　上海中环内 LBS 数据抓取量

时间	7:00	11:00	15:00	19:00	22:00	合计
工作日	26 283	37 589	36 210	42 637	41 922	184 641
周末	30 996	44 102	40 988	39 145	28 563	183 794

基于城市工作日和周末分时段人群位置数据，再使用 ArcGIS 进行空间连接分析识别街段活力。以 50 m 为分析半径圈定每一条街道段附近的人群位置信息点，接着统计位置点的数量。

2）城市意象分析与特色街道识别

基于微博等社交媒体数据，通过 Python 计算机语言抓取大量相关文本，进而调用文本解析包对词频进行提取，可以获得公众认知层面的要素提取，如图 3.4 所示，主要关注于挖掘被市民认知较多的街道。

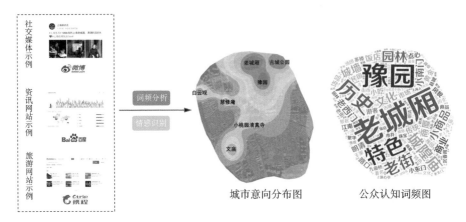

城市意向分布图　　　　公众认知词频图

图 3.4　城市意象与特色街道识别示意图

（来源：作者自绘）

3.2.4　街道品质风貌模型

街道品质与风貌的评价较为综合，品质考虑的是人们在使用街道的过程中，从视觉、出行和日常生活视角所能感受到的空间视觉品质测度、慢行品质评价和生活便利度评价；风貌指的是两侧建筑色彩组合形成的街道风貌。

1）人本尺度的街道空间品质测度

街道空间品质代表的是空间感受，是人对街道环境的感知体验。测度人本尺度的街道空间品质不能忽视人与街道这两个主体。本书基于经典理论和现有机器学习两方面的可操作性，选取了街道绿视率、天空可见度、建筑界面、步行空间、道路机动化程度和多样性六类特征要素作为品质评价的基本要素。在整合这六个要素的基础上，运用机器学习领域的人工神经网络分析构建评价模型。此模型能够通过小样本学习而形成类专家的品质判断能力，将两两比选结果转化为线性分值，从而对所有街景照片进行大规模且高效的评价打分。通过这一路径可获取每一条道路的空间感知评价分数，得分越高则人本尺度的感知品质越好，如图 3.5 所示。

2）街道色彩基因库测定

主要关注街道色彩构成、现状主导色、色彩基因库的测度。街道色彩主要源于两侧建筑，操作的核心是统计街景数据中建筑要素的像元色彩值，再通过聚

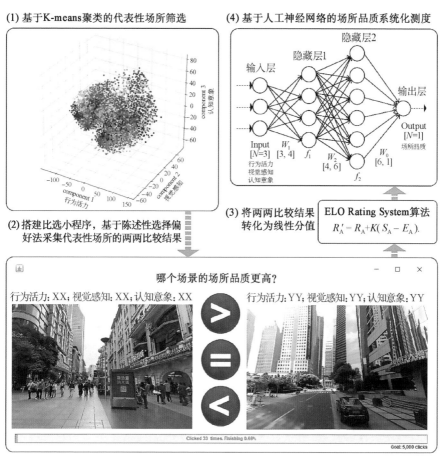

图 3.5　人本尺度的街道空间品质测度示意图
（来源：作者自绘）

类转化为街道色彩基因库。如图 3.6 所示，基于获取的街景数据，通过语义识别分割裁剪建筑要素，借助自动白平衡算法进行色彩校正，再统计与分析建筑层的

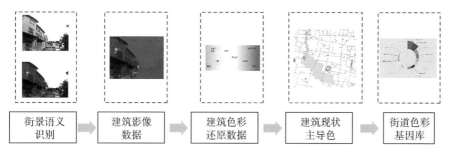

图 3.6　街道色彩基因库测定示意
（来源：作者自绘）

主导色，最后聚类获取街道色彩基因库。

3）集成多源城市数据的街道慢行品质评价

慢行品质指的是街道空间对步行、自行车等慢行活动的支撑情况。传统的慢行品质研究通常关注无障碍环境、街道绿化等单一特征，无法满足当下大范围的实践导控需求。回顾建成环境的经典5D研究，密度、多样性、设计、可达性及与交通站点距离是影响空间品质的重要因素。本书将街道慢行品质拆解为上述五个要素，通过收集相应的数据，提取五类品质特征，进而综合评价街道慢行品质，运用层次聚类算法识别街道类型进行系统评价，如图3.7所示。

图 3.7　街道慢行品质评价流程图
（来源：作者自绘）

4）从市民日常生活出发的街道生活便利度评价

本书所给出的人本尺度的生活便利度的测度定义为：居民从任意建筑出发，15 min 出行范围内可接触的设施数量与多样性和各类设施权重乘积的测度。其中，15 min 出行范围包括步行、地铁、公交等多种交通方式可达的范围，考虑了居民日常出行的多种可能性。测度公式为

$$LC_i = T_i \times N_i \times V_i,$$

其中，LC_i 代表了某建筑 i 的生活便利度数值；T_i 代表了根据距离最近的公交或地铁站点可折算的交通设施可接触度，距离各类公交站点越近，则越能够在更短的时间内到达其他城市设施，也越能够在相当程度上提升居民生活的便利程度；N_i 代表了由此建筑出发，根据网络分析和道路情况求得的 15 min 日常活动区内，考虑距离衰减后的设施相对数量（权重乘积）；V_i 为服务区内各类型设施的多样性，用香农–维纳指数加以计算。

3.3 综合性定量评估框架构建

基于街道空间与形态、街道功能与属性、街道行为与使用及街道品质与风貌 4 个维度 12 个子项的分析与建模，基于实际运用的考虑，从中抽取其中可用于评测的 10 个关键性指标，构建一套兼具普适和效率的综合性街道空间品质评价体系。这 10 个指标分别为：

街道空间形态维度，包含街道高宽比、街道贴线率、路网密度、步行可达性 4 个指标；街道功能属性维度，包含功能混合度与夜间活力 2 个指标；街道行为使用维度，包含行为活力与街道可感知意象 2 个指标；而街道品质风貌维度包含街道视觉品质与街道生活便利 2 个指标。如图 3.8 所示。

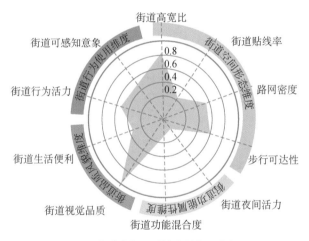

图 3.8 街道空间品质综合量化评估框架

（来源：作者自绘）

这一评估框架能通过不同维度的分布特征形成街道特征类型画像，即左半圆得分高的为步行主导的生活型街道，分值分布得均匀的为综合型街道，右半圆得分高的为交通型街道；同时，可整合相应 4 个维度 10 个指标的得分形成整合化的街道空间品质评价得分，为街道空间品质提供直观的评估结果，如图 3.9 所示。

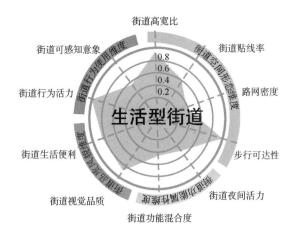

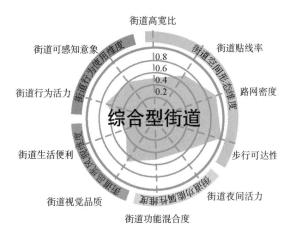

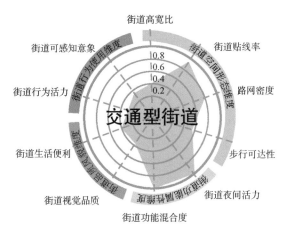

图 3.9　街道空间特征画像与综合性品质评价

（来源：作者自绘）

4

大数据技术在街道空间规划与
设计中的应用

4.1 研究对象与范围

    本次研究范围选取上海市中环内建成区，面积 317.2 km^2，如图 4.1 所示。以此范围作为研究案例主要出于以下两点考虑：①对上海街道空间品质定量化的测度评估具有代表性，使得研究结论具有较强的普适性和指导性；②以中环建成区展开分析，不仅考虑其面积广阔，能较好地均衡分析内容与空间特征，也考虑了中环内积存了上海开埠以来多样类型的街道空间与界面，兼具历史与现代特征，能保证具有充足的代表性。

4.2 多维度的街道品质与空间规划

4.2.1 街道空间形态分析

1）街道空间视觉特色提取

    视觉特色提取所需的街景数据源于百度街景。中心城区范围内共有 13 672 条街道段，总长 2 611 079 m，平均采样间距约为 40 m。运用 ArcGIS 获取采样点的经纬度，再由 Python 经 HTTP URL 调用百度街景抓取了 69 137 个采样点上近 14 万张照片，如图 4.2 所示。

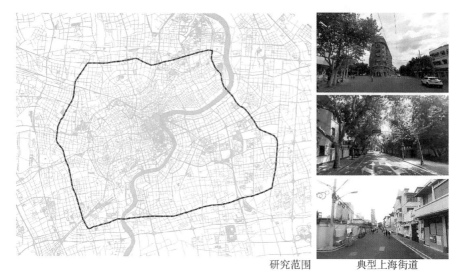

研究范围　　　　　典型上海街道

图 4.1　研究范围示意图

（来源：作者自绘）

每张图片包含了位置点唯一标示符、经纬度、视线的水平角度和垂直角度等信息。街景视线方向方面，先基于路网拓扑计算，保证街景图像能平行于街道的长轴方向，通过输入视线垂直和水平方向的角度以及视点位置数据，可以抓取每一个样本点的街景视图。垂直角度为零，即平视的街景视角，水平角度根据路网形态，抓取了平行于道路的前后两张街景视图，每张图片像素为 480×360。通过这一操作，可以获取上海中环近期的街景图像，提升了街景数据对于实际情况的代表性，支撑后续的绿化可见度、道路机动化程度等分析。

（1）街道绿化可见度

适度街道绿化能使街道环境更为生态，提升居民步行环境品质。具有高可见度的街道绿化能直接改善市民对于所在社区的空间品质感受和可步行性，更易接触的城市绿化还能有效增进场所感，舒缓压力和促进户外活动与交往。过去的规划导控依赖遥感影响的绿化覆盖率作为评价标准，但这种鸟瞰视角与人们日常生活所感受的可见绿化不一致。如图 4.3 所示，从人本视角出发的街道绿化能更好地反映市民所感受的街道品质，图像分割技术也能较好地提取街景图像中的绿化要素。

基于抓取的街景数据和图像识别结果，上海中环内所有街段的平均绿化可见度为 17.02%，大部分街道绿化可见度集中在 15%～40% 之间。如图 4.4 所示，浦西的绿化可见度整体好于浦东，内环内的绿化可见度好于内环和中环之间。老西门片区绿化可见度明显偏低，这一片是上海较早的建成区，道路比较狭窄。衡

图 4.2　街景采样点分布图

（来源：作者自绘）

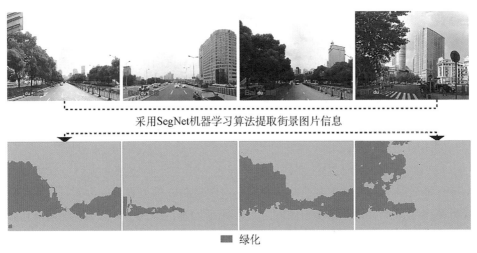

图 4.3　街道绿化可见度提取分析图

（来源：作者自绘）

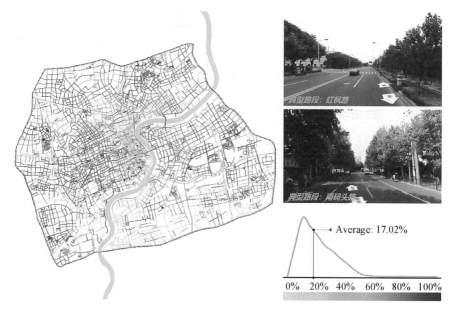

图 4.4　街道绿化可见度分析图
（来源：作者自绘）

山路片区内绿化较高，与其道路两侧行道树较多有关，已形成良好的风貌特征。浦东的红枫路、南码头路等街道绿化表现也较好，浦东北部整体优于南部，可能是南部建成时间较晚、街道以车行功能为主的缘故。

（2）道路机动化程度

过高的机动化程度代表街道主要承担交通功能，不利于街道步行和沿街商业活动的开展。我们通过统计获取的街景照片中道路路面的视野率占比，来量化城市道路机动化程度。如图 4.5 所示，上海的平均道路机动化程度为 8.13%，需要注意的是机动化程度越高对步行的适宜性会带来负面影响。浦东的道路机动化程度好于浦西，内环道路机动化程度低于内环和中环之间；陆家嘴片区、上海南站片区道路机动化程度高；南北高架、龙阳路、四平路、东余杭路和沪太路等城市主干道机动化程度较高，后续应留意相关道路两旁的步行空间品质。

（3）城市步行空间

城市步行空间为人们的交往提供了场所和机会，高比例的步行空间能提高街道环境质量与行人的主观感受。我们通过统计获取的街景照片中人行道路面的视野率占比，来量化城市步行空间。上海的平均步行空间为 9.32%，浦西城市步行空间占比明显高于浦东，内环内城市步行空间占比优于内环和中环之间。由图4.6 可见，老西门片区、衡山路片区、曹杨片区附近的街道步行空间占比较高，能带来比较舒适的步行体验。

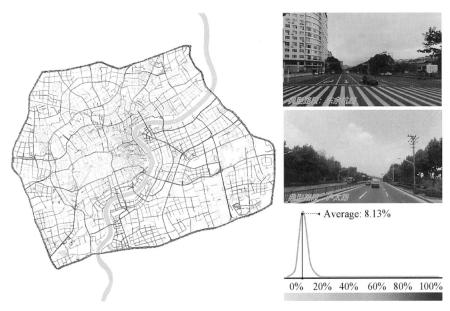

图 4.5　道路机动化程度分析图
（来源：作者自绘）

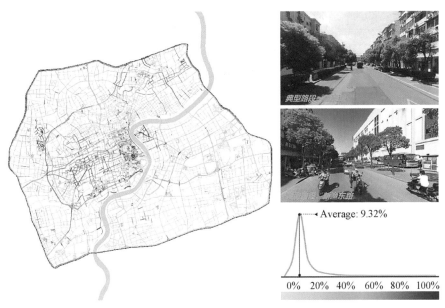

图 4.6　城市步行空间分析图
（来源：作者自绘）

（4）围合度

通过统计获取的街景照片中天空的可见率，并用总量减去天空可见度即为街道围合度。适宜的天空开阔度对应适宜的围合度，可改善市民对于所在社区的空间品质感受，提高可步行性。如图 4.7 所示，上海的街道围合度平均值约为68.89%，个别街道围合度达到了 70%～85%，围合度较高，反映了两侧建筑、树木、下部路面等要素的视野占比较大，给人较围合的感受。浦西的围合度高于浦东，内环内街道围合度高于内环和中环之间。老西门片区、南京西路片区、衡山路片区围合度较高。长安路、东方路等街道两侧有一定建筑开发，形成的围合度比较适宜。

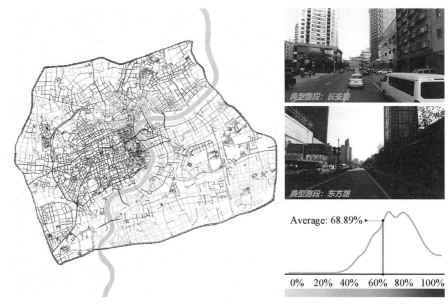

图 4.7　街道空间围合度分析图
（来源：作者自绘）

2）街道空间断面特色分析

（1）街道高宽比

通过 ArcPy 编写的分析程序开展自动化、大规模的街道高宽比特征计算，适宜的街道高宽比在 0.5～2 之间。如图 4.8 所示，上海街道高宽比的平均值为0.52，但大部分道路的街道高宽比低于 0.4，路面较宽，整体空间给人较开敞的感受。浦西和浦东高宽比差异不大，但中环内北部的街道高宽比明显高于南部，杨浦区、虹口区的街道高宽比较高，特别是鞍山片区、黄兴片区、北外滩片区明显偏高。徐汇区、黄浦区、浦东新区的街道大部分街道高宽比在 0.4～1.2 之间，浦东大道、张衡路等街道尺度感较好。

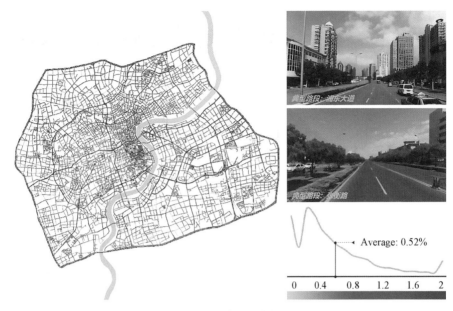

图 4.8　街道高宽比分析图
（来源：作者自绘）

（2）街道贴线率

上海近年探索了具有实践操作性的街道界面方法，将贴线率纳入控制性详细规划指标，具体应用时根据不同功能区及道路等级设定了 60%～80% 的最低贴线率要求。上海中环线内区域街道贴线率的平均值为 15.6%，生活性较强的次干道和支路大部分可达 60% 以上，总体而言较为适宜。高贴线率街道主要分布在老西门片区、南京东路片区等传统商业地区。内环的街道贴线率普遍高于中环，浦西的街道贴线率略高于浦东。图 4.9 展示了中等水平贴线率的杨高中路、大连西路等，可见道路两侧分布一定的建筑连续界面，视觉效果较适宜。

（3）开发强度

以道路中心线为分析单元计算显示，上海中环线内街道沿线开发强度平均值为 1.75，浦西和浦东开发强度差异不大，内环内开发强度高于内环和中环之间，如图 4.10 所示。高开发强度的街道主要分布在浦西的南京东路片区和静安寺片区、陆家嘴片区等地，例如浙江中路、四川中路等，这些地区也是上海商业价值较高的地区。值得关注的是，相关研究表明，上海的中心城现状商办地块容积率平均值在 2.85，集中于 2.0～4.5 区间；住宅地块容积率平均值为 1.90，集中于 1.0～3.0 之间。本次计算的是街道两侧 100 m 缓冲区内的开发强度，相对小于传统计算方法的结果，说明上海中环线内街道沿街的开发强度较适宜。

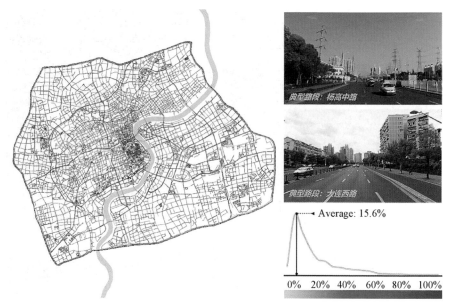

图 4.9　街道贴线率分析图
（来源：作者自绘）

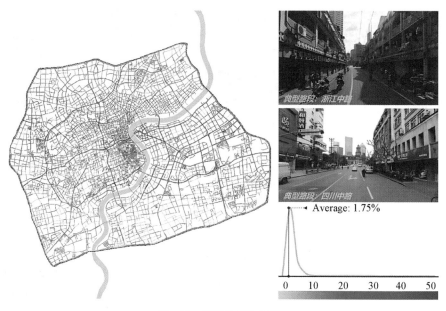

图 4.10　开发强度分析图
（来源：作者自绘）

3）街道空间组构特色提取

（1）路网密度

合理的路网密度是高品质街道的形态特征之一，传统路网密度的算法是计算道路长度与整体研究范围的比值。本书采用的方法是针对每一段道路中心线计算两侧 500 m 缓冲区内的路网密度，更专注于每一段路网及其周边情况，其结果会比传统计算方法的密度偏大。如图 4.11 所示，上海路网密度的平均值为 22.12 km/km^2，路网密度较高，浦西和浦东路网密度差异不大，内环内路网密度高于内环和中环之间的路网密度。老西门片区、人民广场片区、陆家嘴片区和张江片区路网密度较高。

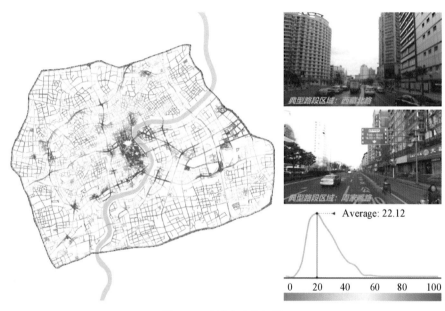

图 4.11　路网密度分析图
（来源：作者自绘）

（2）步行可达性

相关实证研究显示，当分析半径为 500 m 时，SDNA 分析能识别具有较高步行可达性的街道路段。如图 4.12 所示，浦西的道路步行可达性高于浦东，内环内道路的步行可达性优于内环和中环之间。南京东路片区、人民广场片区、老西门片区等地区的街道为人们日常出行提供了较好的支撑，例如肇周路、湖北路等街道的步行可达性较高，大宁片区、真如片区、川沙片区的街道步行可达性较差。

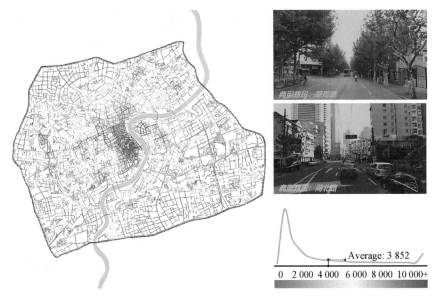

图 4.12　步行可达性分析图
（来源：作者自绘）

（3）车行可达性

相关实证研究显示，当分析半径为 6 000 m 时，SDNA 分析能识别具有较高车行可达性的街道路段。如图 4.13 分析显示，可达性较高的道路在整个范围内

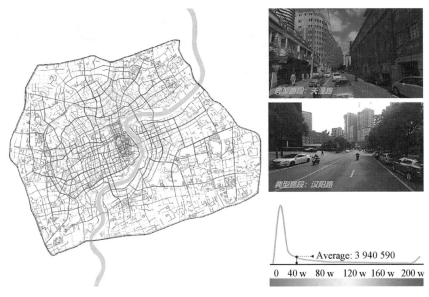

图 4.13　车行可达性分析图
（来源：作者自绘）

分布较为均匀，主要为贯穿各区的城市高架快速路和主干道；浦西的道路车行可达性优于浦东，内环内道路的车行可达性高于内环和中环之间的道路；人民广场片区、徐家汇片区、陆家嘴片区内有大量车行可达性高的街道；天潼路、汉阳路、淮海中路和东方路等城市主干道车行可达性较好，为市民日常通勤提供了较好的空间支撑。

（4）街道聚类结果

在单一半径的 SDNA 分析之外，还能运用层次聚类算法整合多个半径的 SDNA 分析，进一步揭示分析区域的街道空间结构特征，可以通过大量的形态学研究，基于手工识别、整理的方法，从路网组构形态的视角形成一套城市道路分类体系，便于更好地理解城市道路系统与城市空间的关系，如图 4.14 所示。

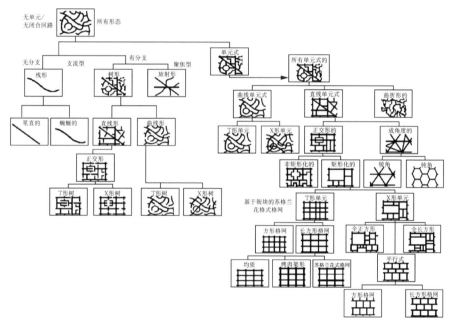

图 4.14　城市路网分类体系

（来源：Marshall, S. (2004). Streets and Patterns (1st ed.). Routledge. https://doi.org/10.4324/978020389397）

本书在此基础之上，借助层次聚类算法来分析 SDNA 所解析的街道拓扑结构特征，可突破传统城市规划从功能视角出发对于城市道路的分类（快速路、主干道、次干道和支路），而从空间组构视角实现对上海中环区域内的城市道路结构的解读，并找到其中的空间规律。具体分析中，根据分析半径 R=500 m、1 000 m、2 000 m、3 000 m、4 000 m、5 000 m、6 000 m、7 000 m、8 000、9 000 m、10 000 m 的 SDNA 结果在 SPSS 平台上开展聚类，可将中环线内的上海街道分成典型的四类，如图 4.15 所示。四类道路可达性的归一化介值与聚类树状图如图 4.16 所示。

图 4.15　步行可达性聚类总体分布情况
（来源：作者自绘）

如图 4.17 所示，聚类一与三有一定相似性，都是在片区之间起交通连接作用。空间上，这些路段分布在内环以及中环之间的区域，并连接起城市各个中心片区，起到了较好的联通作用。从可达性的角度分析，聚类一的小半径可达性要好于聚类三，同时其数量占比以及分布范围都要大于聚类三，由此可以看出，聚类一的路段主要承载的是不同片区间的交通流，从功能角度看其更接近于城市干道的作用，也是整个城市路网的骨架系统。而聚类三的路段大都是典型的长直形路段，同时其大半径下的可达性显著高于其他几类，可见其更多承载城市居民的长距离交通出行行为，从功能角度看其更接近于城市快速路段的作用。

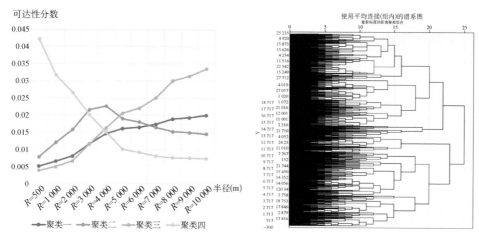

图 4.16　道路可达性归一化介值与聚类树状图
（来源：作者自绘）

图 4.17　道路可达性聚类一与聚类三（占比：41.8% 和 16.5%）
（来源：作者自绘）

　　如图 4.18 所示，聚类二和聚类四具有更明显的生活型道路的特点。其中聚类四的路段大都在各分区的中心地带（如五角场、世纪公园、中山公园等区域），同时这些路段的整体连通性较好，呈现出栅格状，同时其小半径的可达性也要优于其他几类，从类型来看，属于适宜慢行的生活型道路。而聚类二的路段则普遍分布在聚类一的周边区域并与之相连，也带有栅格状的路网系统，具有生活型道路的特点，但这些路段的可达性在不同分析半径下相对均衡，因此相比于聚类四，聚类二的路网兼具生活与交通的属性，其作用更接近于城市支路，服务于不同类型的交通行为。

图 4.18　道路可达性聚类二与聚类四（占比：13.9% 和 27.8%）

（来源：作者自绘）

4.2.2　街道功能属性界定

1）街道主导功能分析

街道主导功能分析反映街道特色。基于 PoIs 的分析显示，上海餐饮主导功能的街道最多，各区均有分布，较集中在人民广场、南京东路、徐家汇和龙华中路地铁站附近，这也与上海施行 TOD 开发的策略相符合，如图 4.19 所示。地铁站附近鼓励建设综合商业广场，集聚了大量的餐饮设施。另外，上海生活服务类主导的街道较多，分布在小南门、金沙江路、上海火车站等地区附近。黄浦江东、西岸和南部，体育休闲类主导的街道较多，可能与两岸分布的各类体育公园、体育中心等相关。值得说明的是，没有主导功能不应等同于功能单一，也可能是该街道附近各类设施分布较均衡，混合度高，因此没有特别单一突出的主导功能。

2）街道功能混合度计算

上海不同地区的功能混合度差异较明显，南京西路片区、人民广场片区、陆家嘴片区、上海火车站片区、张江片区和川沙片区，附近街道功能混合度较好，而浦西的上海交通大学（徐汇校区）、浦东的蓝天路附近功能混合度较差，可能是因为这些街道以某种单一的教育、餐饮、居住等功能为主，其他服务设施数量较少，因此混合度低，如图 4.20 所示。

3）街道功能特色识别

（1）公交便利道路

主要关注街道附近公交站点的多少，数字越高，说明公共交通的便利度越

● 交通　　● 生活服务
● 体育休闲　● 科教
● 医疗　　● 购物
● 景点　　● 餐饮

图 4.19　街道主导功能分析
（来源：作者自绘）

好。如图 4.21 所示，上海街道附近 150 m 内的公交站点数平均值为 7.63 个，可以看到仍有大量街道周边的公交站点数量少于 7 个。浦西的道路公交便利度优于浦东，内环内的公交便利道路较多，主要分布在人民广场片区、南京东路片区、南京西路片区和陆家嘴片区等人流集聚度较高的地区。内环和中环之间除了五角场、上海南站、龙阳路附近有一些公交便利道路外，大部分街道公交便利度较低。后续在公共交通站点布局优化时，可以考虑提升内环和中环之间街道公交站的密度，提高市民出行的便利程度。

（2）景观紧邻道路

主要关注街道附近绿地水体的多少，数字越高说明附近的景观越多。如图 4.22 所示，上海街道附近 150 m 内的绿地水体平均值为 5.57 个，浦西的景观紧邻道路多于浦东，浦东除了世纪公园和陆家嘴片区附近外，其余地区的周围景观分布较少。内环内的景观紧邻道路较多，主要分布在衡山路片区、老西门片区、苏州河两岸附近，而内环和中环之间的道路景观紧邻程度较差。

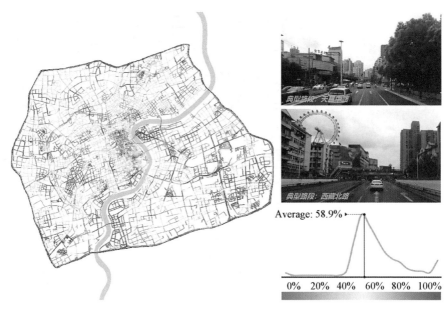

图 4.20　街道功能混合度分析图

（来源：作者自绘）

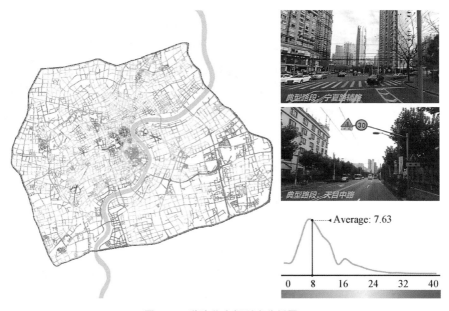

图 4.21　道路公交便利度分析图

（来源：作者自绘）

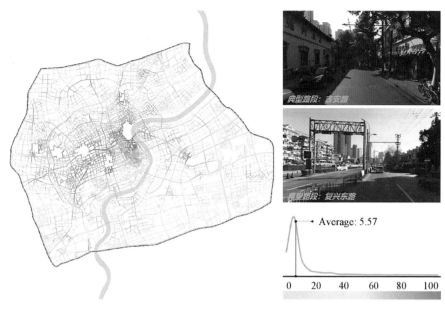

图 4.22 景观紧邻道路分析图
（来源：作者自绘）

（3）夜间活力道路

根据商业设施的营业时长将其分为6类（表4.1），类别3的设施数量较多，在中环内分布较均匀，类别4、5、6相对较少。通过统计道路附近的夜间四类服务设施的多少来识别夜间活力道路，如图4.23所示。上海街道附近夜间营业设施的平均值为82.30个，夜间活力道路主要分布在内环内，特别是南京西路片区、人民广场片区附近，如图4.24所示。客单价的高值集聚在徐家汇片区、南京西路片区、大宁片区和陆家嘴片区等城市级与地区级商业中心附近，如图4.25所示。

表 4.1 深夜营业设施分类及数量

类别	特征	数量
1	下午6时后不营业	28 689
2	营业至夜间6—8时	3 007
3	营业至夜间8—10时	11 580
4	营业至夜间10—12时	984
5	营业至夜间12—2时	171
6	营业至夜间2—6时	102

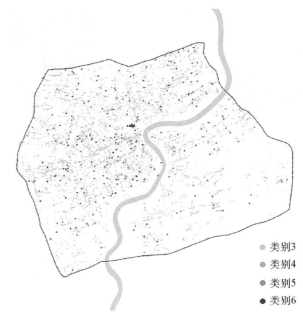

类别3
类别4
类别5
类别6

图 4.23　深夜营业设施分布图

（来源：作者自绘）

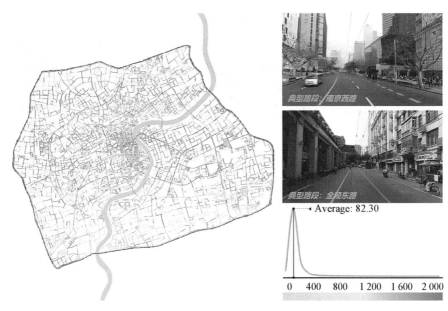

图 4.24　夜间活力道路分布图

（来源：作者自绘）

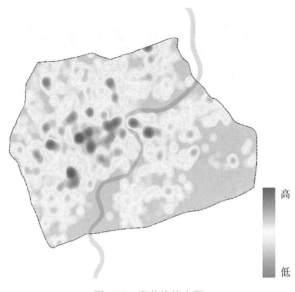

高

低

图 4.25　客单价热力图
（来源：作者自绘）

4.2.3　街道出行行为分布

1）精细化路段活力识别

（1）工作日

通过 LBS 数据的可视化发现，在工作日的上午，上海的南京西路、人民广场、徐家汇及五角场等地区的街道形成了明显活力热点，浦西明显高于浦东，如图 4.26 所示。这些地区既分布了一定规模的商业和办公，又是重要的公交、地铁等公共交通的换乘站点。工作日中午和下午的活力集聚不明显，但傍晚和夜间活力不同地区间街道差异较大，淮海中路沿线、镇坪路附近、徐家汇地区和张江高科附近是人群活力热点，说明这些地区的街道承载了大量的人群行走、停留、交往等行为活动，如图 4.27～图 4.30 所示。

（2）周末

如图 4.31～图 4.35 所示，上海在周末上午、中午和下午的街道活力差异不大，五角场、南京西路等地活力略高；在傍晚和夜间，街道活力差异较大，静安寺、延安西路、陕西南路、人民广场、长寿路、陆家嘴、徐家汇及五角场等主要的商业区附近街道活力较高，而内环和中环之间的街道活力较低。

2）城市意象分析与特色街道识别

基于前述研究成果，通过微博签到数据识别上海市区内具有高频城市意象

图 4.26　工作日上午时段街道活力热力图
（来源：作者自绘）

图 4.27　工作日中午 / 下午时段街道活力热力图
（来源：作者自绘）

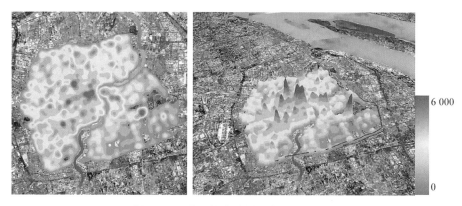

图 4.28　工作日傍晚时段街道活力热力图
（来源：作者自绘）

图 4.29　工作日夜间时段街道活力热力图
（来源：作者自绘）

图 4.30　工作日全天时段街道活力热力图
（来源：作者自绘）

图 4.31　休息日上午时段街道活力热力图
（来源：作者自绘）

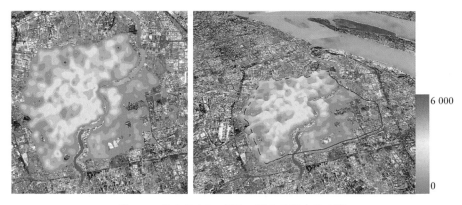

图 4.32　休息日中午 / 下午时段街道活力热力图
（来源：作者自绘）

图 4.33　休息日傍晚时段街道活力热力图
（来源：作者自绘）

图 4.34　休息日夜间时段街道活力热力图
（来源：作者自绘）

图 4.35　休息日全天时段街道活力热力图
（来源：作者自绘）

的特色街道：针对上海市中环区域这一研究范围，通过新浪微博爬取了 2020 年
8 月 23—30 日一周时间内的签到数据并开展数据清洗，共提取计算了 28 484 条
街道，街道平均微博签到数为 20 次，微博签到数前 5% 的街道数目为 1 424 条，
其签到数区间则为 95～1 229 次。

　　如图 4.36 所示。具有高认知意象的街道主要在浦西片区，且分布较为集中。
以外滩、豫园、老西门和南京东路片区打卡次数最多。浦东片区则沿线世纪大道
和世纪公园附近的锦绣路，且沿 2 号线分布数量较多。总体来说，这一结果与媒

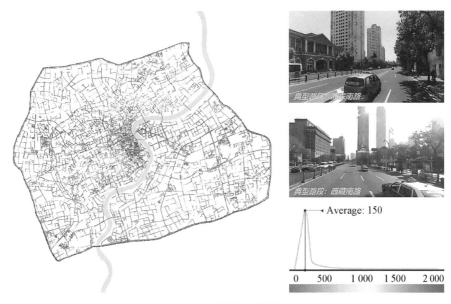

图 4.36　微博签到数据
（来源：作者自绘）

体上出现频率较高，耳熟能详的传统街区、原租界区，代表城市形象的热点旅游目的地相吻合。从街道空间品质角度出发，签到数密集的街道周边业态丰富、功能混合，通常有代表性的地标建筑或城市公园。

4.2.4 街道品质风貌评价

1）人本尺度的街道空间品质测度

（1）品质测度技术路线

本书基于经典理论和现有机器学习两方面选取了特征要素，最后选取了六个可操作性的空间设计要素：街道绿视率、天空可见度、建筑界面、步行空间、道路机动化程度和多样性，如图 4.37 所示。

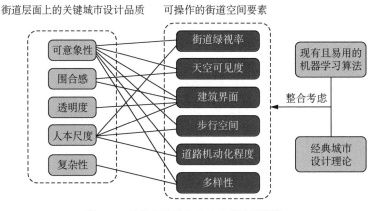

图 4.37　选取的可操作性的空间特征要素
（来源：作者自绘）

研究步骤如图 4.38 所示，包括数据收集、特征提取、品质评估和成果应用四个阶段。大规模百度街景图片通过 Python 经 HTTP URL 调用百度街景 API 后下载获取；特征提取是使用机器学习算法 SegNet 对街景图像中的绿视率、天空可见度、建筑界面、步行空间、道路机动化程度和多样性 6 个关键空间特征进行提取，获得街景中各个空间要素的量化测度；品质评估包括小样本打分和大规模分数计算；最后获取人本尺度的街道视觉品质测度结果，以更好地协助街道设计。

为了获取对街道的主观感知，通过邀请规划专家及专业学生对小样本街景进行打分。如图 4.39 所示，首先机器基于采样点的空间分布，筛选出 1 500 张具有上海街道特征代表的备选照片，然后手工精选 500 张最具代表性的比较样

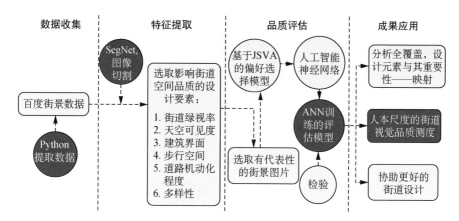

图 4.38　人本尺度的街道空间品质测度框架
（来源：作者自绘）

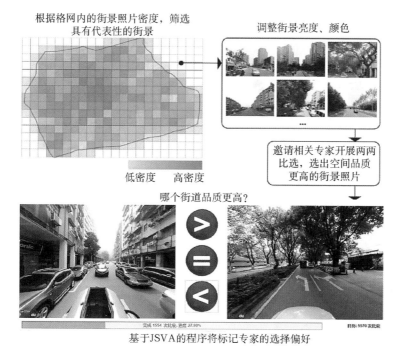

图 4.39　街景两两比选示意
（来源：作者自绘）

本，减少了与空间品质相关性低的偶发因素。接着我们基于 JSVA 编写了评价程序，邀请专家及学生对样本进行两两比较（5 000 次 / 人 × 10 人次），表达其感受（好于、近似、差于），选出感知度更高的街景图片。得到 5 万次对比结果后，运用 The Elo Rating System 将两两比较转化为实际分值，为之后的统计分析提供了依据。比较结果按如下公式建模。

被建模为一组三重，指的是两张图像的 ID，即每个样本照片初始分值为 1 000，根据每次两两比较的结果更新得分，The Elo Rating System 分为预测和更新两部分，公式如下：

$$P_{\mathrm{A}} = \frac{1}{1+10\,(S_{\mathrm{A}}-S_{\mathrm{B}})\,/400}\,,$$

$$S'_{\mathrm{A}} = S_{\mathrm{A}} + K\,(R_{\mathrm{A}} - P_{\mathrm{A}})\,,$$

式中，P_{A} 为预测结果，揭示了图像 A 会比图像 B 评估得更好，而 S_{A}、S_{B} 表示之前图像 A、B 的分数比较。图像的分数更新后，基于预测和实际比较结果，S'_{A} 是图像 A 的新分数，K 基于选择的常量值 32。根据经验，R_{A} 可能是 1、0、0.5，以表明图像 A "好于""差于"或"近似"图像 B。

最终比较结果 CR 不断被系统指导，所有街景图片得分趋于稳定，得到确定评分。由于街景要素与评分高低是较为复杂的非线性关系，因此运用人工神经网络分析 ANN 构建评价模型。构建模型后，机器自动对收集的全市街景进行全面打分，如图 4.40 所示。

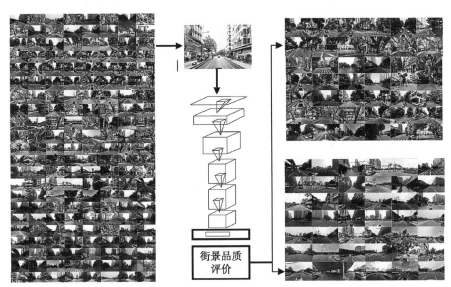

图 4.40　街景品质评价示意
（来源：作者自绘）

（2）品质测度结果

如图 4.41 所示，可以看到空间品质得分较高的街道主要分布在黄浦江西侧

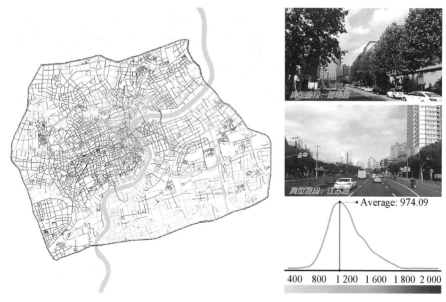

图 4.41　人本尺度的街道空间品质评价
（来源：作者自绘）

和陆家嘴地区，黄浦江西侧是上海传统市区，建成较早且有着一系列特色街道，例如复兴中路、永康路、思南路等，但要注意老城厢地区出现个别得分较低的街道，可能是因为缺少绿化、杂物摆放等原因，应当考虑通过街道更新进而提升传统品质风貌。而得分较低的街景大多天空要素占比过高，在尺度、绿化、慢行等方面存在问题，例如在浦东南侧的地区，作为后开发建设的区域街区尺度大、街道以车行为主，导致了人本视角下空间评价较低。

2）街道色彩基因库测定

（1）街道色彩构成

街道色彩是指城市街道环境中被感知的可视化色彩的总和。当前，我国上海等诸多大城市正由粗放型转变为向追求高质量的方向发展，而街道色彩作为城市设计的重要组成部分，对延续历史文脉、提升空间品质、塑造城市精神具有突出作用。街道空间的围合主要依靠两侧的建筑，而人行走在不同街道所感受到的色彩也主要源于建筑，因此研判街道色彩的构成实质上是研判街道段两侧建筑立面的色彩构成。

经过多年讨论与实践，当前色彩导控在管控路径上已初步实现与城市设计的初步整合，在调研操作上也已经有了一套较为成熟的操作路径：首先通过数码相机和 GPS 设备的辅助开展图像采集，在色彩校准之后运用孟塞尔色彩体系，量化得出城市色彩总谱及色相、频次等信息，进而基于结果开展导控。

传统城市色彩规划普遍使用孟塞尔颜色体系，如图 4.42 所示，但该体系在计算机读取、表达和运算能力上均显不足。考虑到不同色彩体系的特点不尽相同却又可以互相转换，我们应用了多套颜色体系。在颜色拾取和可视化表达环节，均采用 RGB 颜色体系。统计分析采用 HSV 颜色体系，如图 4.43 所示，最终成果表达采用孟塞尔颜色体系。对于 HSV 颜色体系的分类，本书将颜色归并为 14 400 种，按 HSV 划分，即为色相 36 等分，每 10 个色相为一组；彩度 20 等分，每 5 个色彩区间为一组；明度 20 等分，每 5 个明度区间为一组。需要统计色彩值首先应确定用何种色彩体系。

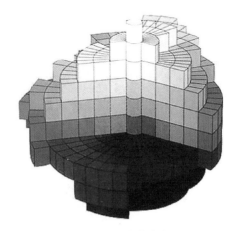

图 4.42　孟塞尔颜色体系

（来源：https://www.emilytobias.com/2010/09/albert-henry-munsell/）

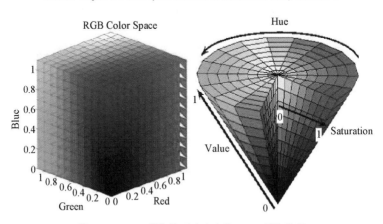

图 4.43　RGB 颜色体系（左）和 HSV 颜色体系

（来源：http://library.binus.ac.id/eColls/eThesisdoc/Bab2HTML/2010100276ifbab2/page17.html）

操作的核心是统计街景数据中建筑要素的像元色彩值，再通过聚类转化为街道色彩基因库。技术路线包括街景影像数据、建筑影像数据、建筑色彩还原数据、建筑现状主导色和街道色彩基因库等五个步骤。基于获取的街景数据，为避免误差先进行自动白平衡，再统计与分析建筑层的主导色，最后聚类获取街道主导色，如图 4.44 所示。

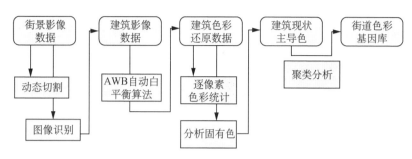

图 4.44 街道色彩分析技术路线
（来源：作者自绘）

基于抓取的上海街景数据，图像中的建筑要素会被识别及裁剪。在分析过程中，为了进一步提升对于建筑边缘的识别精度，我们采取了 OpenCV 中的闭运算算法来处理建筑边缘，去除零碎部分，构建精细化的建筑识别与优化提取，如图 4.45 所示。

图 4.45 精细化建筑识别与优化提取
（来源：作者自绘）

如图 4.46 所示，由于街景数据拍摄时受阳光、角度、天气等因素影响，存在一定差异。因此以 AWB 自动白平衡算法为依据，通过色偏矫正和亮度矫正，排除不同光照条件下的干扰，还原建筑物的固有色彩。

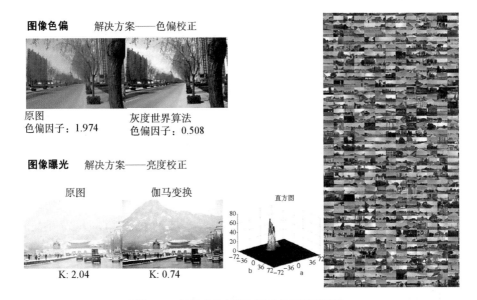

图 4.46　还原建筑色彩与街景数据抓取示意
（来源：作者自绘）

根据确定好的色彩体系，采用像元遍历法逐像素统计建筑物的色彩。对图像上对应的各建筑像素点的 RGB 颜色值进行提取并汇总。首先，以像元为基础单位，将各张图像上对应要素的像元 RGB 值提取出来，然后进行汇总统计，即可得到各图像对应要素的所有色彩值。多张图像的色彩值仅需把每张图像的色彩值进行相加再重新汇总即可。通过分析固有色彩构成，求得该照片的"基因色"——即该位置的建筑色彩离散值，如图 4.47 所示。

建筑基因色往往有数千甚至上万个色彩值，而在实际的研究中，往往需要将它们归纳汇总成几十类甚至几类人眼所能识别的颜色。而为了获得这样的颜色值，本书通过 K-means++ 聚类算法将每张照片上每个色域中的"基因色"进行聚类，得到该色域的"代表色"，进而形成每张照片的"代表色组"。K-means 算法是一种常用的色彩聚类算法，是将一堆零散的数据归为 K 个类别，使得每个类别中的每个数据样本距离该类别的中心距离最小。通过聚类算法，我们能够将图片内占比最多的颜色即其主色调提取出来。基于每张照片的"代表色组"，我们对其再次进行空间聚类，可得该街道周围区域的建筑色彩统计值，如图 4.48 所示。

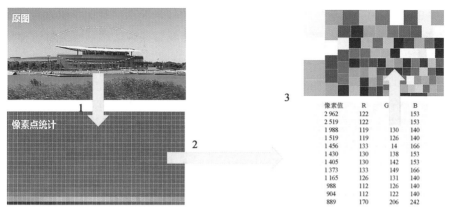

像素值	R	G	B
2 962	122		153
2 519	122		153
1 988	119	130	140
1 519	119	126	140
1 456	133	14	166
1 430	130	138	153
1 405	130	142	153
1 373	133	149	166
1 165	126	131	140
988	112	126	140
904	112	122	140
889	170	206	242

图 4.47 获取建筑基因色示意
（来源：作者自绘）

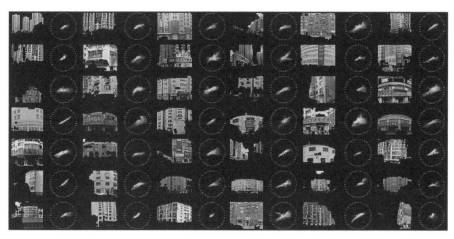

图 4.48 原始街景与对应的建筑聚类颜色示意
（来源：作者自绘）

（2）现状主导色

如图 4.49 所示，色彩构成分析显示上海街道的色彩基调较为和谐，以灰色为主，白烟、浅灰为主要构成色，灰与冷灰出现的概率次之，暗灰再次之，部分街道呈现暖灰、米色集聚，少数街道会出现对比色和过于跳跃的色彩组合。从主导色分布上可看出，大部分区域被白烟、浅灰和灰色覆盖，浦西片区整体色彩较为厚重（多以灰调为主），且在中心区较为集聚，浦东片区灰与暗灰相间较为均质。暖色调（暖灰色及米色）色彩主要出现在北外滩、外滩片区，与外滩租界建筑群色彩相关。此类暖色调多分布在浦西内环范围内的各种传统租界区，如南京东路片区、衡山路片区。而老西门片区则呈现出较为丰富的玫红、棕色等组合，为典型的传统历史街区弄堂建筑色彩搭配。少数较为跳跃的对比色出现在陆家嘴片区与浦东国际博览中心区，与高层建筑和特殊展馆建筑玻璃幕墙类材质相关。

总体而言，上海街道的色彩控制较好，新老建筑色彩搭配和谐，传统街区色彩主要为厚重以暖色调为主，并能在和谐统一中识别其色彩特点。浦东片区整体色彩浅灰占比较大，多见于居住片区，有进一步提升的空间。

不同于针对城市风貌色彩分析依赖手工和小样本分析的传统方法，用街景数据和机器学习对城市尺度街道色彩的定量化分析，能快速实现对街道现状主导色的识别，兼顾人本尺度的精细化色彩分析和城市尺度的大规模测度，有助于提升色彩导控实践的精细化和落地性。

图 4.49　街道主导色与色彩构成
（来源：作者自绘）

（3）街道色彩基因库

进一步分析显示，街道色彩多样性较高的区域集中在内环中央活力区内。从中心到外围呈现圈层递减趋势，中环明显弱于内环，浦西较浦东片区色彩丰富度更高。其中浦西片区色彩多样性最高的街道主要分布在中心区的南京东路和外滩片区、徐家汇片区及同济大学四平路附近，如图 4.50 所示。

具体而言，上海市中心区色彩多样性较高的地段呈现中心集中、指状渗透态势，分别为四川北路街道、嘉兴路街道、北外滩街道近黄浦江沿岸地区；南京东路街道、外滩街道、北站街道和天目西路街道等苏州河沿岸地区，以及老城厢东北部，以江南古城风貌为代表的豫园街道也表现出较为丰富的传统建筑与古典园林色彩基底。另一较为集中的区域为徐家汇副中心。由此可见，色彩多样性较高

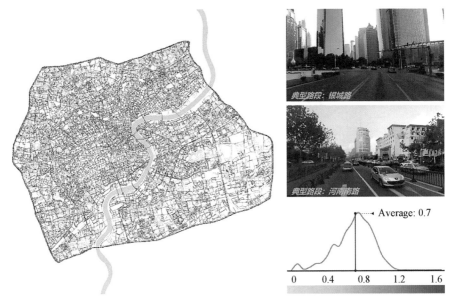

图 4.50　街道色彩多样性分析图
（来源：作者自绘）

的街道多见于传统建筑风貌和原租界集中区，且在地理分布上多沿主要河流水系分布。浦东片区分布则相对均质，较为集中的区域为陆家嘴片区与花木街道，呈现出沿城市主干道及公共公园绿地分布的态势，如杨高中路、世纪公园附近等。

　　3）多源数据融合的慢行品质评价

　　（1）街道慢行品质评价因素与技术路线

　　本书在现有街道品质测量技术发展的基础上，提出了一套基于 5D 理论、以人为导向的街道空间品质的测度与分析框架，这 5 个 D 分别为密度（Density）、多样性（Diversity）、设计（Design）、目的地（Destination）和距离（Distance）。

　　在此基础上，利用新数据和新技术，包括高精度街道数据、LBS 数据、PoIs 兴趣点和街景要素等，从五个方面对街道进行聚类分析。该分析框架的技术路线分为 4 个主要步骤：数据收集、特征提取、品质评估和系统评价。第一步，抓取海量 LBS、PoIs 数据和街景数据。第二步，从数据信息中提取影响街道空间品质的五个变量：密度的评估通过 LBS 数据获取；多样性则通过 PoIs 兴趣点转译计算出；设计被视作是街道品质视觉层面的要素，通过前述的 SegNet 深度学习算法和大样本专家比选实现；可达性的评估用 sDNA 技术结合路网数据开展测量；到交通站点距离则基于 GIS 的空间分析，计算每个路段到最近地铁站点步行距离。在这五个维度的特征数据被量化后，运用层次聚类分析，将不同类型的街道通过树状聚类结构分到不同的组群中，如图 4.51 所示。

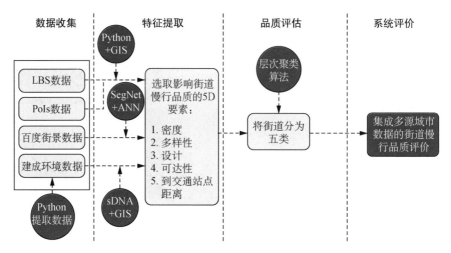

图 4.51　分析框架示意图
（来源：作者自绘）

（2）慢行品质聚类结果

层次聚类算法，是分组案例的多变量统计方法，能将一组对象根据其特征分成不同的聚类，使得同一聚类内的对象在某种意义上比不同的聚类之间的对象更为相似。具体到本书，使用密度、多样性、设计、可达性、到交通站点距离5个建成环境变量，在层次聚类算法的支持下对街道开展分类。如图 4.52 所示的树突图总结了聚类过程，并揭示了 4 个典型的街道聚类。其中聚类三的整体慢行

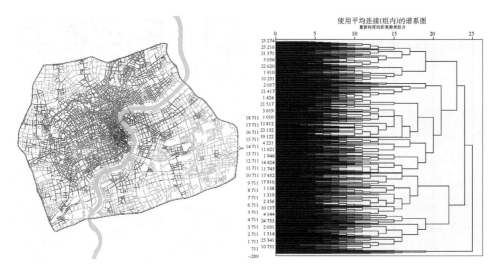

图 4.52　街道慢行品质评价聚类结果与聚类分析树状图
（来源：作者自绘）

品质最高，聚类四次之，随后是聚类二和聚类一。

如图 4.53 所示，聚类一和聚类二有一定相似性，分别代表了上海主要的交通性道路，具有较好的街道品质和功能混合度，但步行可达性普遍较差。聚类一主要分布在内环和中环之间，承载了不同片区内部的交通流。同时与地铁站点有一定距离，活动人口少于聚类二。聚类二分布在内环附近和内环内部，起连接内环内和中环的作用。街道与地铁站点距离较近，与公共交通连接更为紧密。

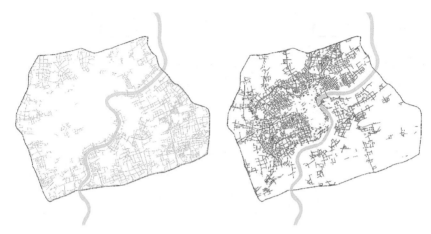

图 4.53　街道慢行品质评价聚类一和聚类二（占比：33.3% 和 42.7%）

（来源：作者自绘）

如图 4.54、图 4.55 所示，聚类三和聚类四相比前两个聚类则明显偏重于生活性街道。聚类三代表了人口集聚最高街道，主要分布在人民广场片区、南京东路片区、南京西路片区和陆家嘴片区等。聚类三对车行活动与步行活动的支撑都

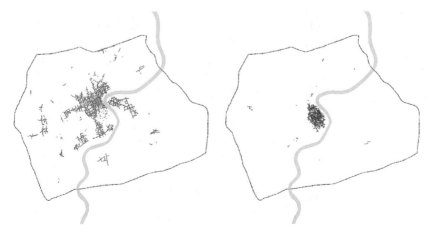

图 4.54　街道慢行品质评价聚类三和聚类四（占比：16.2% 和 7.8%）

（来源：作者自绘）

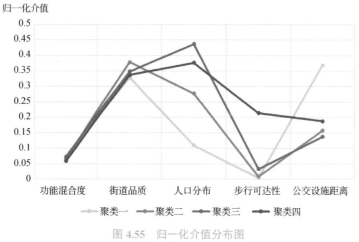

归一化介值

图 4.55　归一化介值分布图
（来源：作者自绘）

较好，与地铁站点的联系最紧密，综合慢行品质最高。聚类四则主要代表了上海传统的生活性道路，形态构成细密，步行可达性好。同时周边人群活动频繁，空间品质高，总的来说也具有较好的慢行品质。

4）基于居民日常生活便利度评价

如图 4.56 所示。居民在日常生活中所能接触到的设施数量和设施的多样性程度，能在相当大的程度上反映其感受到的生活便利度。其高低既取决于设施密度，也取决于街道密度与空间组构所提供的可达性。

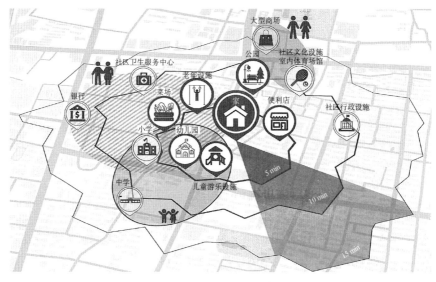

图 4.56　生活便利度示意
（来源：作者自绘）

过去对便利度开展分析和实践的难点在于居民的主观感受难以被高效采集和精准量化。随着大数据技术的出现，依靠 PoIs 数据采集与分析技术，提供市民视角下的街道生活便利度成为可能，如图 4.57 所示。

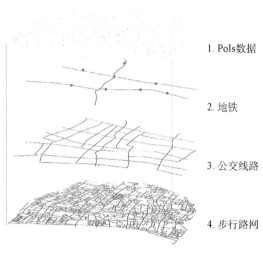

1. PoIs数据

2. 地铁

3. 公交线路

4. 步行路网

图 4.57　生活便利度计算数据

（来源：作者自绘）

通过将理论研究与当前的实际居民生活相结合，可以将人本尺度的生活便利度定义为：居民从任意街道出发，15 min 出行范围内可接触的设施数量与多样性和各类设施权重乘积的测度。其中，15 min 出行范围包括步行、地铁、公交等多种交通方式可达的范围，考虑了居民日常出行的多种可能性，见表 4.2。

表 4.2　生活便利度操性定义

分解概念	定义	应用数据
可接触	15 min 出行时空范围；各类公共交通设施的可达性	路网数据、交通类 PoIs
设施数量	设施权重与距离衰减后的设施相对数量	PoIs 数据
多样性	各类设施多样、适配程度	PoIs 数据

"可接触"包含两个子概念，除了对公共交通设施的可达性，更重要的是划定 15 min 生活圈，即可接受的出行时间内所涵盖的空间范围。生活圈的划定反映了居民在日常生活中对周边设施的接触，在人本尺度下的测度已有较为明确的含义。在研究与实践中我们往往将其等同于从任一街道出发，在日常活动时间（15 min）内通过步行、公交、地铁等多种交通方式可到达的范围。因此本书将

步行与公交、地铁的换乘考虑纳入可接触划定的范围，以每一条街道为单元划定其在多种出行方式下的 15 min 服务区范围，如图 4.58、图 4.59 所示。

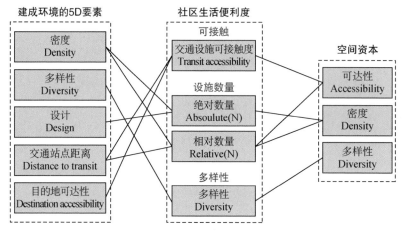

图 4.58　生活便利度测度框架

（来源：樊钧，唐皓明，叶宇.人本尺度下的社区生活便利度测度——基于多源城市数据的精细化评估 [J].新建筑，2020，192（5）：10-15.）

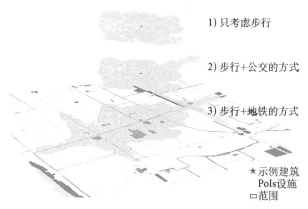

1) 只考虑步行

2) 步行+公交的方式

3) 步行+地铁的方式

★示例建筑
PoIs设施
□范围

图 4.59　考虑多种出行方式的 15 min 服务区计算

（来源：作者自绘）

　　设施数量的量化测度也稍显复杂，不能简单等同于可接触区内的总设施数量，还应考虑路网组构和出行距离长短所带来的效用折减，以及不同设施的重要性权重。因此设施数量方面的测度应包含两个子概念：考虑距离衰减，以及不同设施权重后的相对数量，如图 4.60 所示。

　　由此，通过本书 3.2.4 小节中的生活便利度测度公式，可得到上海市外环内区域的街道生活便利度评价情况，如图 4.61 所示。

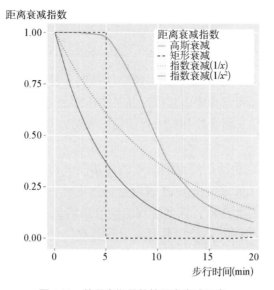

图 4.60　基于高斯函数的距离衰减示意

（来源：樊钧，唐皓明，叶宇.人本尺度下的社区生活便利度测度——基于多源城市数据的精细化评估 [J].新建筑，2020，192（5）：10-15.）

图 4.61　街道生活便利度评价

（来源：作者自绘）

4.3 综合性的街道空间品质定量评估

　　选择中环内区域的愚园路、衡山路、许昌路、淮海中路、陕西北路、四川北路、世纪大道、邯郸路和中山北路这九条街道作为分析街道品质综合量化评估的案例，包含生活性、综合性和交通性街道三大类，且每类中均具有高、中、低品质的代表性街道。

　　通过分析可知，表征街道空间品质的雷达图分析结果与共识性认知具有很好的一致性。如图 4.62 所示，矩阵横列分别为步行主导生活型街道、综合型街道和车行主导的交通型街道；纵列呈现出街道品质或受欢迎程度依次减弱趋势。总的来说，愚园路、淮海中路和世纪大道等各具特色的高品质街道均被有效识

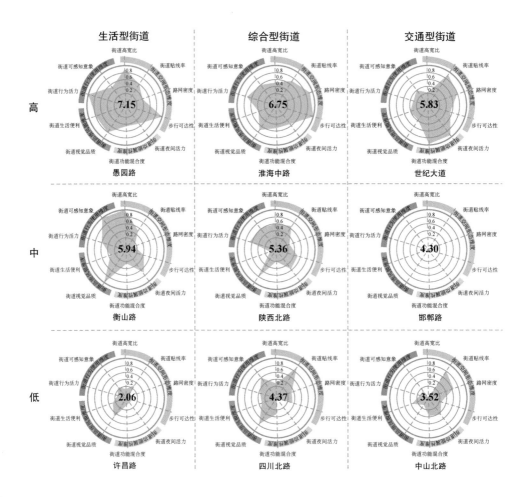

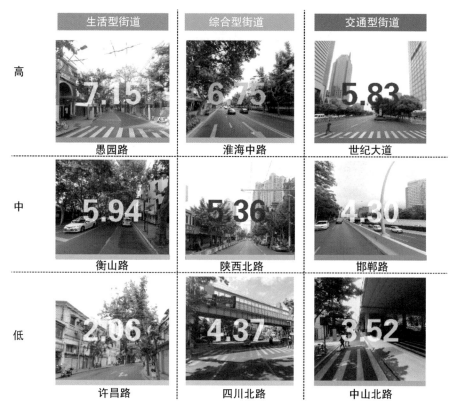

图 4.62 街道空间品质综合性定量评估框架效能检测分析结果

（来源：作者自绘）

别，而许昌路、四川北路和中山北路相对而言街道空间品质较低；相关量化分值与一般性认知契合度高。

5

基于大数据的街道空间
规划与设计参数研究

5.1 规划设计参数体系构建

5.1.1 研究方法解析

1）研究步骤

如图 5.1 所示，研究步骤包括以下四个部分：

（1）选取日本幕张新城、丹麦哥本哈根、荷兰阿姆斯特丹、德国柏林，以及中国上海、沈阳和广州等 8 个城市的典型街区，作为高品质街区设计指标的提取样本；

（2）基于近年来街道属性测度的进展、街道品质经典理论和相

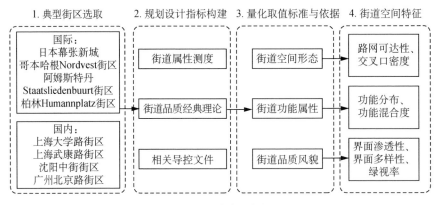

图 5.1　研究步骤解析
（来源：作者自绘）

关导控文件，构建纳入分析的关键规划设计指标；

（3）量化三个维度取值的标准与依据；

（4）整合运用多源城市数据、GIS 空间分析与计算性领域的深度学习算法，对入选案例的街道空间与功能特色开展定量化、多维度分析，从而抽取共性特征，为高品质街道空间设计提供指标参考。

2）技术路线

如图 5.2 所示，在研究路线上，兼顾自上而下的规划视角和自下而上的人本

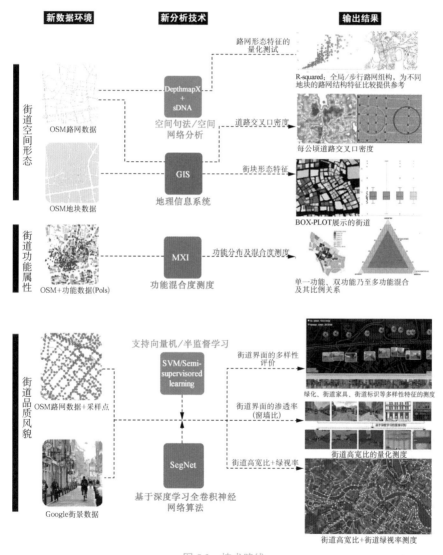

图 5.2　技术路线

（来源：作者自绘）

视角，分别从街道空间形态、街道功能属性与街道品质风貌这三个设计可有效控制的维度来构建关键指标，通过采集多源基础数据，通过数据关联分析深度挖掘数据信息，从而得到相应指标的最佳量化区间。主要包含：

（1）从自上而下的视角出发，依据街道、建筑等精细化建成环境数据、PoIs功能数据等配合相应的数据分析技术开展街道空间形态与功能属性的测度，依次得到路网形态特征要素、道路交叉口密度、街块形态特征、功能分布及混合度的量化测度结果。

（2）从人本视角出发，通过计算机视觉技术分析抓取的大量街景视图数据准确抽取各个街道段的关键特征要素，得到街道界面多样性、街道界面渗透性、街道高宽比和街道绿视率特征等街道品质风貌维度的指标。

3）案例分析

在与国内城市气候具有可比性的温度范围带内，选择了日本幕张新城、丹麦哥本哈根 Nordvest 街区、荷兰阿姆斯特丹 Staatsliedenbuurt 街区、德国柏林 Humannplatz 街区，以及上海大学路街区、上海武康路街区、沈阳中街街区和广州北京路街区 8 个公认的高品质生活性街区，如图 5.3 所示。这 8 个生活性街区基本都具有功能复合、活力多元的特点。以幕张新城为例，新城距离东京都中心约 30 km，具备国际性的办公、研发、教育和居住功能，有复合性、开放性、场所性的特点，通过规划设计创造了混合型的都市空间。选取这 8 个高品质街区提取空间特征，有助于总结空间品质的共性要素，助力街道空间的精细化设计。

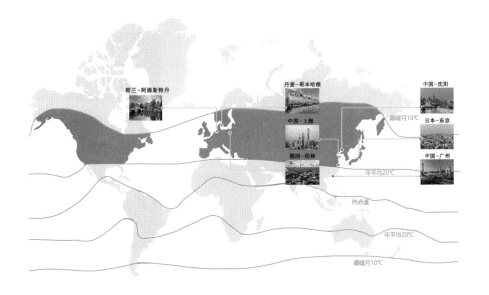

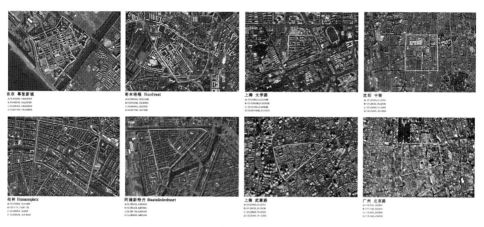

图 5.3　代表性高品质街区选取
（来源：作者自绘）

5.1.2　参数体系构建

　　基于最新研究成果和实践经验，本书聚焦于规划设计可有效调整的空间与功能维度，从空间形态、功能属性、品质风貌三个方面来筛选共性指标。其中空间形态侧重测度街道的空间属性，包括路网可达性、街道交叉口密度、街道高宽比等。功能属性借助高德地图和腾讯地图 API 提供的 PoIs 数据，测度街道两侧的功能分布和混合度。品质风貌则基于百度街景数据和机器学习算法，提取界面渗透性、界面多样性等人本尺度特征，如图 5.4 所示。

图 5.4　主要设计参数
（来源：作者自绘）

5.2 高品质街道空间共性特征分析

5.2.1 街道空间形态特征

街道空间形态特色层面的分析主要涉及街块形态特征、路网形态特征分析和街道交叉口密度等指标。其中，街块形态特征主要反映街区大小，既有研究显示鼓励小地块开发模式可提高步行选择路径促进功能的深度复合，但其具体尺寸尚未有明确的范围划定。路网形态特征反映了可达性与步行、车行交通的利用率，高分值往往更便于城市活力的激发。街道交叉口密度则反映街坊平均尺度和车行效率。越高的交叉口密度更适合步行街区的营造，可达性高，出行距离短，居民生活更便捷。

街块形态分析中颜色越靠近红色表示街块尺度越大，颜色越靠近蓝色则表示街块尺度越小。由此可知，8个案例最具活力的街道附近都呈现小尺度街块形态特征，如幕张新城的中心区，大学路毗邻地块，沈阳中街核心地段等，同时相较大尺度地块小尺度街块形态较为规整、长宽比适宜，如阿姆斯特丹 Staatsliedenbuurt 社区和哥本哈根 Nordvest 社区，如图5.5所示。

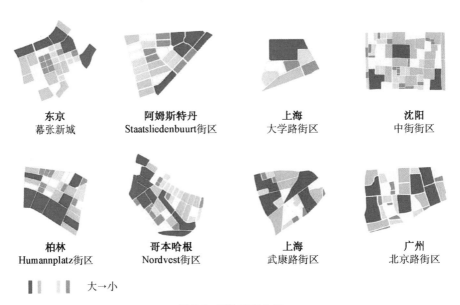

东京	阿姆斯特丹	上海	沈阳
幕张新城	Staatsliedenbuurt街区	大学路街区	中街街区

柏林	哥本哈根	上海	广州
Humannplatz街区	Nordvest街区	武康路街区	北京路街区

大→小

图 5.5 街块形态分析

（来源：作者自绘）

对所有案例街区大小进行量化后，发现分布较为集中的适宜街区尺度为1~2公顷，不宜过大。小地块的亲人尺度更鼓励步行，同时适度规整的街块形态、相近的长宽比，利于建筑布局也更有助于建筑界面形成更具围合感的空间，促进多元功能的复合，如图 5.6 所示。

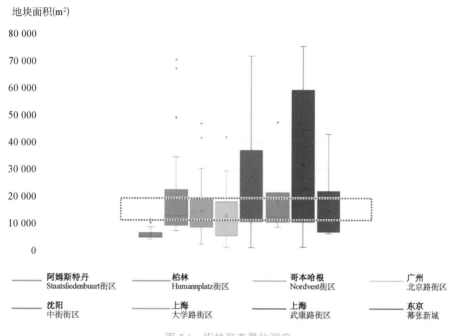

图 5.6　街块形态量化测度
（来源：作者自绘）

如图 5.7 所示，运用空间句法进行路网形态可达性分析可见，路网结构越接近方格网状，横平竖直，路网间距越均等则越通达，步行可达性就越高，如东京的幕张新城。道路的弯曲、丁字路口、横向纵向道路呈锐角都将降低步行可达性。而在非新城片区路网结构鲜少，完全符合标准方格网状，在此类路网较复杂的路网结构中可达性较高路段和较低路段同时出现的概率较大。此外，可达性高路段通常与周边道路衔接较好。

基于空间句法的可达性分析结果，可进一步对路网空间组构特征开展量化测度。运用 SPSS 求解全局尺度和步行尺度的可达性拟合度，能反映在该路网空间特征下，有多少比例的街道能同时为全局尺度的穿行行为和步行尺度的慢行行为所使用。在欧洲和美国的多个实证研究显示，较高的可达性拟合度能有效地催生街道活力，公认的高品质步行街区也往往具有较好的全局尺度和步行尺度的可达性拟合度。图 5.8 的分析与之前研究契合，所选择的高品质步行街区都具有较

东京
幕张新城

阿姆斯特丹
Staatsliedenbuurt街区

上海
大学路街区

沈阳
中街街区

柏林
Humannplatz街区

哥本哈根
Nordvest街区

上海
武康路街区

广州
北京路街区

可达性高→可达性低

图 5.7　路网形态分析
（来源：作者自绘）

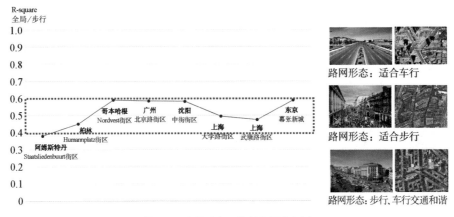

图 5.8　路网形态组构特征量化测度
（来源：作者自绘）

好的可达性拟合度，基于分布特征筛选可见，推荐的路网形态组构特征值应在0.4～0.6为宜。

道路交叉口密度反映街坊平均尺度和通行效率，如图 5.9 所示，密度较高区域多出现在路网密度较高、路网结构较为复杂的地段，这些地段通常是街区的主要街道，如上海大学路街区的大学路段，上海武康路、沈阳中街、广州北京路都是活力集聚且步行适宜的街道段。新城类的道路交叉口密度相对较低且平均，高的交叉口密度更适合于步行街区的营造,可达性高、出行距离短,居民生活更便捷。基于以上分析,对道路交叉口密度的量化测度后,推荐道路交叉口密度平均测度值为每公顷 0.25～0.50,如图 5.10 所示。

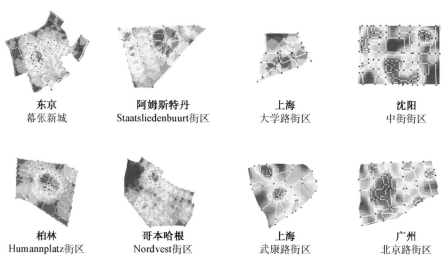

东京
幕张新城

阿姆斯特丹
Staatsliedenbuurt街区

上海
大学路街区

沈阳
中街街区

柏林
Humannplatz街区

哥本哈根
Nordvest街区

上海
武康路街区

广州
北京路街区

图 5.9　道路交叉口密度

(来源:作者自绘)

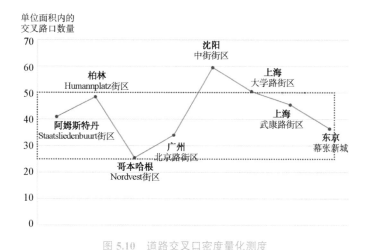

图 5.10　道路交叉口密度量化测度

(来源:作者自绘)

5.2.2　街道功能属性特征

由分析可知,东京幕张新城的各项城市设施大多沿主要道路底商和居住分布，阿姆斯特丹 Staatsliedenbuurt 街区则主要沿底商和居住均匀分布，上海大学路街区主要沿大学路一条道路集聚。沈阳中街和广州北京路街区功能分布规律类似，沿主要街块外围底商密布，并在局部有所集聚。柏林 Humannplatz 街区主要为底商加沿居住区分布；哥本哈根 Nordvest 街区沿主要道路底商和居住分布，上海武康路街区沿主要道路呈放射状分布。如图 5.11 所示，总体来看，新城片区的设施相对集聚较低，而老城片区多为底商与居住均匀分布，主要街道更为集聚，内部街道多出现在街中与街角。

| 东京
幕张新城 | 阿姆斯特丹
Staatsliedenbuurt街区 | 上海
大学路街区 | 沈阳
中街街区 |

| 柏林
Humannplatz街区 | 哥本哈根
Nordvest街区 | 上海
武康路街区 | 广州
北京路街区 |

图 5.11　功能设施空间分布
（来源：作者自绘）

　　适度功能混合能使生活更为便利，同时街道活力更为明显。在功能分布的基础上运用 MXI 这一量化城市形态学工具对混合度进一步量化分析，沈阳中街及广州北京路混合度较高，可见功能分布量的集聚同时也能刺激功能混合度的增加，柏林 Humannplatz 街区也表现出该特点，如图 5.12 所示。大学路和武康路混合度较高街道段明显集中局部关键路段，而阿姆斯特丹 Staatsliedenbuurt 及哥本哈根 Nordvest 街区混合度较高街道段则较为分散。幕张新城功能混合仅集中在主要轴线干道，周边区域混合度较为缺失。

　　基于 MXI 的功能混合度三角，可对功能分布及混合度开展进一步测度与可视化。如图 5.13 所示，灰色区块为功能混合度较高，兼具居住、商业公服设施和办公功能的区域，8 个案例中都有相当数量的地块分布其中。相比较而言，国内案例如武康路典型混合模式是商业＋公共服务；而商业＋居住为国外案例主要功能混合模式。具体各个城市案例的功能混合度情况则在图 5.14 中展示。8

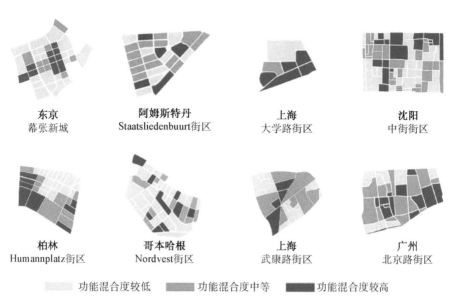

东京
幕张新城

阿姆斯特丹
Staatsliedenbuurt街区

上海
大学路街区

沈阳
中街街区

柏林
Humannplatz街区

哥本哈根
Nordvest街区

上海
武康路街区

广州
北京路街区

■ 功能混合度较低　　■ 功能混合度中等　　■ 功能混合度较高

图 5.12　功能混合度分布
（来源：作者自绘）

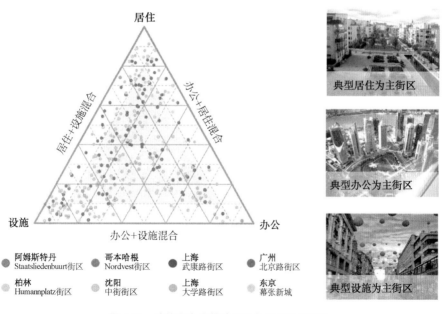

图 5.13　功能混合度的地理三角形可视化展示
（来源：作者自绘）

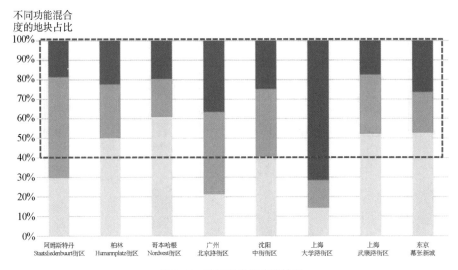

图 5.14　功能混合度构成情况

（来源：作者自绘）

个案例基本都有 30% 的地块呈现中等混合度，且有 20% 的地块可达高功能混合度；表现尤为突出的为上海大学路社区，高混合度地块达到 70%，这 8 个高品质案例，中高混合度地块占比都接近 60%。

5.2.3　街道品质风貌特征

建筑界面由街景图像中建筑像素点的占比来表示，从人的视角直接反映了能感受到的建筑界面的多少，从而反映了城市公共界面的多寡。街道界面渗透率反映了街道空间的通透性、可进入性以及安全感等，适宜的渗透率能鼓励街道眼的存在和街道生活的产生，有利于环境品质的提高。其计算公式为

$$T = \frac{\sum_{i=1}^{n} F_i/F'}{n},$$

其中，T 为某条街道渗透率，F_i 为某采样点对应的建筑门窗洞口像素点数，F' 为该采样点对应的街景图像像素点数。n 为该街道上的采样点总点数。

如图 5.15、图 5.16 所示，界面渗透性较高的街道要么多沿主干道、街区边界分布，如东京的幕张新城、柏林 Humannplatz 街区与广州北京路街区，多为繁华的商业形象大道；要么集中在特色街道或街区内部的街巷中，例如武康路与中街街区同样是该街区内的商业核心区。渗透率适中的街道多为商业与居住功能结

图 5.15　界面渗透性
（来源：作者自绘）

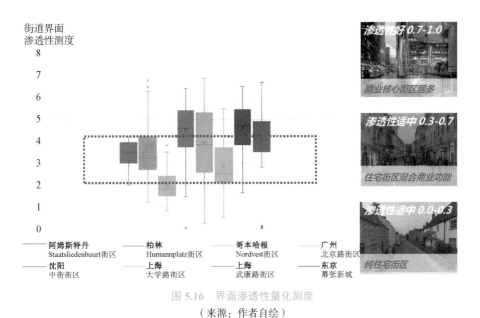

图 5.16　界面渗透性量化测度
（来源：作者自绘）

合紧密的街道，较低路段则多以居住功能为主。基于以上分析，推荐高品质街道界面渗透性均值以 0.30～0.50 为宜。

街道界面的多样性指街景图像中街道界面划分密度、色彩丰富度、街道设施与家具完备程度的整合结果，适宜的街道界面多样性能有效增强视觉趣味，提

升街道慢行感受。其计算公式为

$$D = 0.25 \times S_C + 0.05 \times S_D + 0.25 \times S_F,$$

其中，D 为街道界面多样性；S_C 为界面色彩丰富度，即相关界面色彩种类的熵，可根据香农−维纳指数计算；S_D 为街道界面划分密度，即每百米街道长度中的店铺界面的数量，可根据街景数据和计算机视觉技术求解；S_F 为街道设施与家具占比，即各个采样点中街道设施与家具像素点与对应图像总像素点的均值。相关的 3 个指标在计算过程中使用 min-max 标准化去量纲，参数权重基于专家 AHP 层次分析法调研。

总的来说，街道界面划分多样、界面色彩丰富、街道装置完备，可使街道生活更具活力，街道空间更具吸引力。如图 5.17、图 5.18 所示，界面划分多样性较高地段和公共混合度较高地段重合度高，通常是最具商业活力的街道段，多样性表现最好的街道是上海大学路，临街面不仅在界面划分上密度较高，同时丰富的外摆位和街道家具也是大学路作为成功案例不可或缺的设计要素。同样分值较高的上海武康路段，其界面多样性得益于历史建筑风貌的沿街建筑立面设计形成清晰的分段，保证了界面的丰富度和随之带来的多样性。分值趋中的多为商住混合型街道，幕张新城以居住功能为主、多样性较为单一因此得分较低。基于以上分析，推荐街道界面多样性平均测度值以 0.30～0.60 为宜。

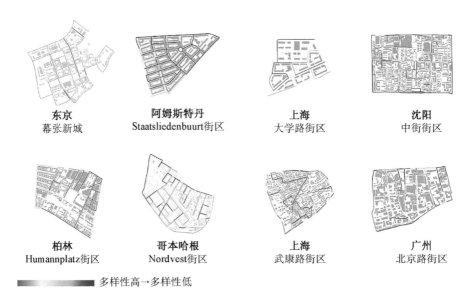

东京
幕张新城

阿姆斯特丹
Staatsliedenbuurt街区

上海
大学路街区

沈阳
中街街区

柏林
Humannplatz街区

哥本哈根
Nordvest街区

上海
武康路街区

广州
北京路街区

多样性高→多样性低

图 5.17　界面多样性
（来源：作者自绘）

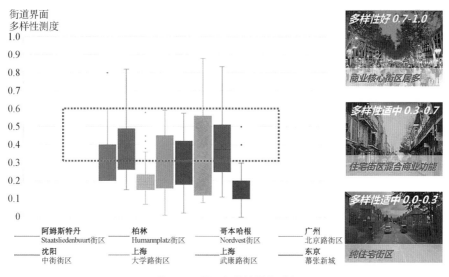

图 5.18　界面多样性量化测度
（来源：作者自绘）

街道高宽比是最易感知的空间视觉要素，能使观察者看清建筑群体的全貌，并有充分的距离观察建筑的空间构成，合适的高宽比街道尺度感觉较为舒适。其计算公式为

街道高宽比 = 街道立面高度 / 街道断面宽度。

街道高宽比比值并非越高越好，大于 2.0 时则空间封闭。街道高宽比较低则空旷感强烈，只有高宽比适中则拥有较好的视野和舒适的尺度。一般认为 D/H = 1～2 是比较合理的空间关系，此与人的视域范围和对空间的感知息息相关。相关代表性街区的对比分析与经典理论有较好的契合度，武康路、大学路、沈阳中街和广州北京路等街区均落在这个区间；国外案例中哥本哈根的 Nordvest 街区也展现出 0.8～1.2 区间良好的高宽比，如图 5.19、图 5.20 所示。基于以上分析，推荐高品质街道断面平均高宽比以 0.5～1.2 为宜。

街道绿视率指绿色在人的视野里所占的比率。通过对街景照片深度学习和算法分析，可以从视觉感观上反映人们对绿色的感受。绿视率不仅能极大程度提升人对环境的体验感受，还是构成街道空间品质的各类要素中能够被设计手法快速改进的，因此我们在人本尺度中也将其作为关键指标之一纳入分析。

如图 5.21 所示，绿视率较高地段呈现两个特征，一类为街区内的主要通行道路，联系多个小地块，两侧建筑有更高的覆盖率，通常作为提升街区形象的林荫大道，如哥本哈根 Nordvest 社区、柏林 Humannplatz 社区。另一类出现在主要

东京
幕张新城

阿姆斯特丹
Staatsliedenbuurt街区

上海
大学路街区

沈阳
中街街区

柏林
Humannplatz街区

哥本哈根
Nordvest街区

上海
武康路街区

广州
北京路街区

高宽比高→高宽比低

图 5.19　界面高宽比

（来源：作者自绘）

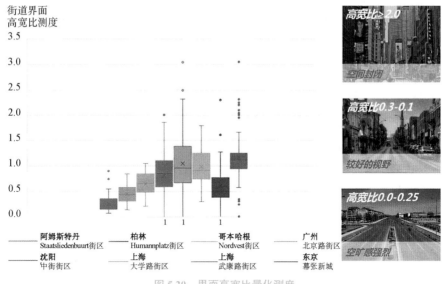

图 5.20　界面高宽比量化测度

（来源：作者自绘）

步行街道上，行道树与低矮灌木作为代表性的景观要素与街道家具等设施共同营造环境宜人、独具特色的品质街道，如沈阳中街、广州北京路及武康路，既能在春夏之季绿树成荫，又能在秋季形成落叶景观道。作为提升街道品质最为关键的要素之一，对 8 个街区进行统一测度后，建议绿视率量化指标区间以 0.2～0.4 为宜，如图 5.22 所示。

图 5.21 街道绿视率
（来源：作者自绘）

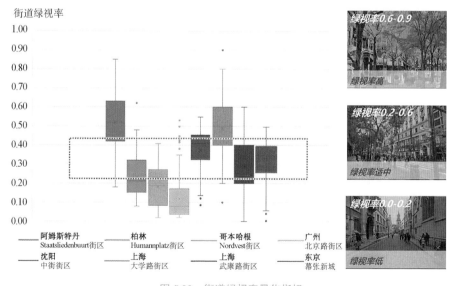

图 5.22 街道绿视率量化指标
（来源：作者自绘）

5.3 街道空间规划设计关键参数分析

我们通过对前述 8 个高品质街区的指标筛选，从自上而下视角和人本视角两个层面出发，对一系列影响街道品质的空间与功能特征开展分析，从街道空间形态、街道功能属性、街道品质三个方面提出关键共性指标，以此来指导规划设计，见表 5.1、表 5.2。

表 5.1　城市设计尺度下的空间特征指标

城市设计尺度的空间特征	原则	量化指标	图示
街区大小	鼓励小地块开发模式。有利于促进功能深度复合，容易形成多样化的立面形式，增加街道丰富度。街坊尺度变小后，步行路径的选择大大提高	1～2 公顷	
路网形态	车行路径与步行路径效率比值，反映了在该路网空间特征下，有多少比例的街道能同时为车行和步行所使用。高的数值往往更便于城市活力的激发	0.4～0.6	
道路交叉口密度	适宜的道路交叉口密度关系步行体验的舒适程序，同时保证车行交通效率建筑底层空间宜为商业零售功能	0.25～0.5/ 公顷	
功能分布及混合度	增强沿街功能复合，形成活跃的空间界面。在街区、街坊和地块进行土地复合使用，形成水平与垂直功能混合。高品质街区通常有 50%～60% 地块混合度较高，其中高混合地块占比至少 20%，中等混合度占约 30%	办公＋居住 设施＋居住 办公＋设施＋居住 ≥20% 高混合度 ≥30% 中混合度	

表 5.2　街区设计尺度下的空间特征指标

街区尺度的空间特征	原则	量化指标	图示
多样性	通过不同材质、颜色和材料及建筑元素的组合设计，增强视觉趣味性。鼓励沿街建筑立面设计形成清晰的纵向和横向立面分段，并保持整体协调。临街面处理应按照建筑功能的不同而呈现差异性	0.30～0.60	
渗透性	沿街建筑底部6～9 m高度，是行人能够近距离观察和接触的区域，尽量多设置窗口以形成"街道眼"，增加行人安全感。商业街道底层建筑界面60%以上的沿街面应用作出入口和展示橱窗，门窗应使用透明性玻璃	0.30～0.50	
断面高宽比	街道宜保持空间紧凑。主要道路段断面宽度控制在30 m以内，断面高宽比控制在1左右，支路保持15～25 m之间，断面高宽比控制在0.5～1之间	0.5～1.2	
绿视率	等距离种植行道树与低矮灌木。创造具有韵律感的街道环境。可将街道设施与种植物组合到一起，提升公共街道品质	0.2～0.4	

5.3.1　基于街道空间形态的参数取值

基于 OSM 与百度地图等开放建成环境数据源，经由 GIS 空间分析可获取地块大小、道路交叉口密度、路网形态连通度等指标。一般而言，从地块大小层面出发，更加鼓励小尺度的地块开发模式，鼓励通过步行来提升街区活力，每个地块适宜范围为 1～2 公顷。道路交叉口层面反映的是街坊平均尺度和车行效率，越高的交叉口密度越适宜步行街区的营造，推荐道路交叉口密度平均测度值以每公顷 0.25～0.50 为宜。路网连通度则是反映有多少比例街道能同时被步行和车型使用，高品质步行街区都具有较好的可达性拟合度，因此推荐的路网形态组构特征值应以 0.4～0.6 为宜。

5.3.2　基于街道功能属性的参数取值

基于 OSM 和百度地图等开放数据源，经由 MXI 分析可得到街道功能混合度及相应的比例关系。沿街功能越复合，越容易形成活跃的空间界面；在街区、街坊和地块进行土地复合使用，形成水平与垂直功能混合，有助于提升城市活力；通常的混合模式为"办公＋居住""设施＋居住""办公＋设施＋居住"。此外，高混合度地块占比应不低于 20%，中等混合度地块占比应大于等于 30%。

5.3.3　基于街道品质量的参数取值

通过计算机视觉技术来分析抓取的大量街景视图数据，准确抽取各个街道段的关键特征要素，即街道界面多样性、街道界面渗透性、街道高宽比特征，并开展分析。其中，多样性涉及界面材质、颜色、街道家具和立面分段等因素，可增强视觉趣味性，合适的多样性指标通常介于 0.3～0.6；渗透性涉及沿街建筑底部 6～9 m 的高度，是行人能够近距离观察和接触的区域，反映了街道空间的通透性、可进入性以及安全感，应尽量多设置窗口以形成"街道眼"，同时也能增强人与街道底层界面的互动，其量化指标以 0.3～0.5 为宜；街道高宽比直观反映人对空间的尺度的感知，适宜的高宽比介于 0.5～2.0。

6

上海市北横通道街道设计案例研究

6.1 项目背景

　　上海北横通道是内环内"三横三纵"的"井"字形快速复合通道的重要组成部分，东西向横跨长宁区、静安区、普陀区、虹口区和杨浦区五个行政区，是服务中心城苏州河以北区域沿线重点地区、分流延安高架交通的东西向交通发展轴。

　　2018年5月，北横通道新建一期工程调整工可批复，开展了《北横通道新建工程（热河路—双阳路）街道设计方案》的研究，如图6.1所示。

图 6.1　项目研究范围

6.2 设计思路

6.2.1 北横通道空间使用特征分析

基于手机信令数据展开北横通道空间使用的特征分析，有如下几个典型特征。

1）沿线工作人口分布——西聚东疏

如图 6.2 所示，从沿线工作人口空间分布看，沿线主要商务区为：四川北路商圈、南京路商圈、江浦路商圈和海伦路商圈。工作空间分布呈现西聚东疏的现象，一定程度上表现出空间使用的目的地主要流向何处：沿线西段商业氛围最为集中，相应的商务、办公活动旺盛，是主要的人流导入方向。

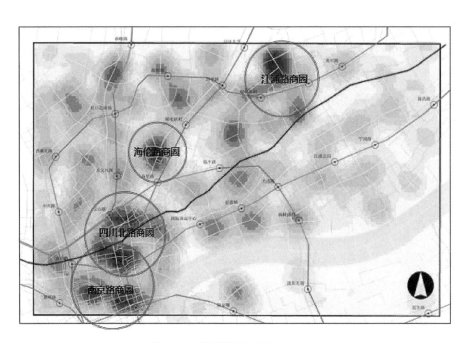

图 6.2　北横通道沿线工作人口分布

2）沿线居住人口分布——北多南少

如图 6.3 所示，从沿线居住人口空间分布看，沿线主要生活区为：江浦路生活区、周家嘴路—大连路生活区、江浦公园生活区和曲阜路—四川北路生活区。居住空间分布呈现北多南少的现象，一定程度上表现出空间使用的产生地主要来自何处：沿线东段居住氛围逐渐增加，尤其是北横通道北侧区域更为集中。

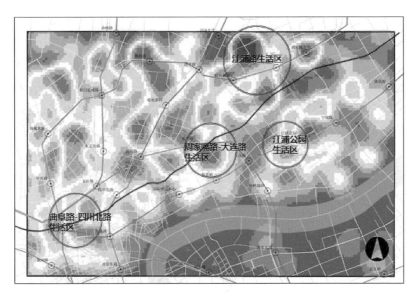

图 6.3 北横通道沿线居住人口分布

3）周边业态分布

PoIs 一定程度上反映了片区在生活、工作、游憩等各方面的需求度与便利度。如图 6.4、图 6.5 所示，从整体 PoIs 上看，北横通道沿线上最为集中的区域为"四川北路、海伦路、东宝兴路"形成的聚集圈。其中，医疗、教育等民生类

图 6.4 周边业态分布

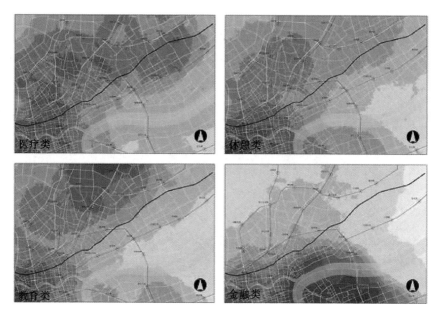

图 6.5　周边业态分布（分类型）

兴趣点分布相对均匀；休憩、金融等功能类兴趣点有很强的空间聚集属性。

　　4）不同时段空间使用分布

　　如图 6.6 所示，凌晨至早上 6:00，整体空间活动不强；中午 12:00 间，空间活动在"河南路—吴淞路—热河路—大连路—黄兴路"各段强度依次减弱；夜间，

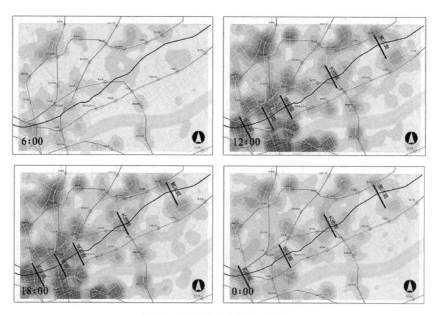

图 6.6　不同时段空间使用分布

空间活动主要集中在"热河路—吴淞路—大连路—黄兴路";下午空间活动分布与中午类似;夜间,空间活动主要集中在"热河路—吴淞路—大连路—黄兴路"。

6.2.2 北横通道街道精准更新设计理念

北横通道街道精准更新设计理念主要包括:街道问题再分析、街道空间再分配以及街道需求再审视。

1)街道问题再分析

如图 6.7 所示,利用手机信令等多元数据分析,找寻街道各类活动热点,对沿线交通、历史、人文、用地、业态和景观现状进行综合分析,在定义每一段街道目标和需求的基础上,开展街道全要素的改造提升,通过开放型规划与设计,广泛征集街道使用者和管理者的意见,以确保方案的可实施性。

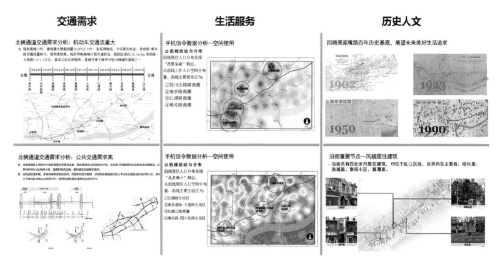

图 6.7　现状需求调研分析

2)街道空间再分配

(1)基于交通需求,道路断面空间立体敷设

如图 6.8 所示,北横通道现状为双向 8 车道断面规模,单向机动车道宽度为 13.75 m,慢行空间宽度(含非机动车道、人行道、绿化带)为 10.25 m。单向高峰小时最大值出现在新建路—公平路西向东流向,最大断面流量为 3 100 pcu/h,为超饱和运行状态。采用断面立体化改造之后,地下道路将承担断面总流量的 51%,地面道路承担断面总流量的 49%。虽然对地面道路进行了"瘦身",但与现状道路相比,北横通道总的交通通行能力却能提升 39%,完全可以满足未来的

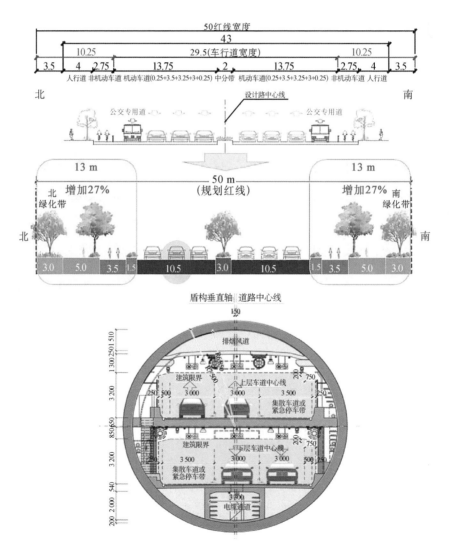

图 6.8　道路空间优化调整

道路交通需求。

（2）释放道路地面空间，提升慢行交通路权

如图 6.9 所示，道路断面立体改造后，在充分满足地面交通需求的基础上，地面双向 8 车道调整为双向 6 车道规模，单侧机动车道缩窄为 10.5 m，慢行空间拓宽至 13 m，慢行空间宽度较现状平均增加 27%，同时保留地面公交专用道，实现地面道路社会交通、公共交通和慢行交通的路权优化分配，为提高街道整体品质创造了空间条件。

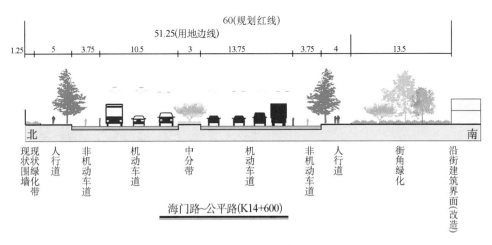

图 6.9 标准断面设计图

（3）精细化设计，差异化分配街道空间

如图 6.10 所示，在基本路段，车道宽度除保留 1 条 3.5 m 预留公交专用道外，其余均采用 3.25 m 的小客车专用最小宽度。路缘石半径由现状的 15～25 m 减小为 10～12 m；同时在交通量小的路口，不增加进口道数量，尽量增加交叉口转角处驻足空间，减小行人过街距离；交通量大的路口，做适当渠化，以满足交通功能。通过精细化设计，因地制宜地分配街道空间。

3）街道需求再审视

（1）分区风格特色化设计，四季街景差异化呈现

如图 6.11 所示，三个区按照不同的风格进行特色设计，如虹口区，沿线聚集精致商业和历史容颜及生活居住，以虹口新貌为主题，促进历史与现代元素的有机融合；杨浦区生活社区居多，以宜居杨浦为主题，注重适老化和沿线休憩等设施的打造。

（2）如图 6.12、图 6.13 所示，结合街道调研，确定每个路段沿线居民的交往需求、出行需求，以及历史建筑的文化展示需求。

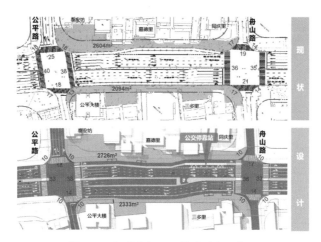

图 6.10　街道空间平面前后对比示意图

图 6.11　不同区域不同特色定位

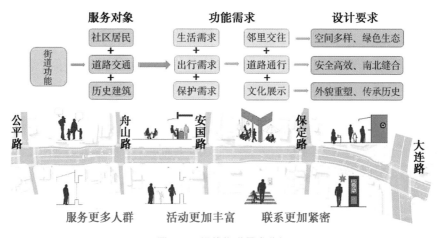

图 6.12　沿线街道需求分析

图 6.13　街道沿线历史建筑及小区

⑥.③ 更新策略

北横通道街道精准更新设计策略主要包括街道有温度、街道可漫步、街道可阅读以及设计能实施。

1）街道有温度

（1）关注行人全龄友好，交通性干路亦可漫步停驻

如图 6.14 所示，街道设计方案提供了空间更加宽裕的行人通行空间，路权得到保证；针对儿童，利用沿线老旧厂房、建筑退界空间等设置了可嬉戏玩耍的街头、主题游园，欢声笑语、其乐融融；针对老人，街道沿线增设了休憩节点，或结合绿化、或与退界空间一体，走走停停，乐享交流。

（2）合理利用地形高差，空间的无障碍处理和设计

慢行空间现状存在高差位置不合理，机动车随意停放等问题，造成最基本的行人通行条件都不能得到满足。如图 6.15 所示，通过对空间的合理整合利用设计后，基本行进通道畅通，在路侧有条件区域设置停留空间，在不可消除的高差区域加入无障碍通道。

图 6.14　虹口区千斤顶厂主题公园效果

图 6.15　杨浦区又一村老年中心街道设计方案

2）街道可漫步

（1）条件允许的区域加入软性漫步道，街道健身带的打造

如图 6.16、图 6.17 所示，鉴于现状沿线居民健身的强烈需求，而相关设施和空间极度匮乏的现状，通过极力打造居民家门口的康体健身道，将路段慢行空

图 6.16　虹口区上滨生活广场前漫步道

图 6.17　虹口区同福里小区健身空间打造

间分成步行通过区域和休闲漫步区域，见缝插针打造健身活动区域，布置康体健身道约 3 000 m²。

（2）整治街道面貌，路人行走体验的升级

• 整空间

如图 6.18 所示，对街道进行改头换面的设计，小到改善周边居民生活环境，大到提升整个城市的景观风貌。

图 6.18　虹口区街道立面及转角空间整治

• 整绿化

现状整形绿化灌木带，样式单调，后期养护麻烦。如图 6.19 所示，通过自

图 6.19　不同行政区风格的树种选择及搭配

然式搭配的绿化设计，增加绿化带的视觉丰富感，形成常绿、落叶搭配好的生态群落，减少养护修剪工作，景观效果更佳。

● 整铺装

目前普遍的道路人行道铺地都采用尺寸比较小的砖块，人行道凹凸不平的问题十分常见。如图 6.20 所示，通过将人行道主要行进区域与道边空间到建筑门前区域整合，一体化设计，选用尺寸较大的铺砖，让路人行走感觉更舒适。

图 6.20　沿线居住区出入口衔接及铺装选择

● 整设施

交通设施——侧重安全。如图 6.21 所示，在公交站点处采用非机动车道抬高处理，与人行道平齐，方便行人并提醒非机动车在该处慢行通过。

指引设施——侧重功能与特色。如图 6.22 所示，结合路段特色，设计中注重与街道历史元素和建筑特色的融合，全方位展示街道的年代感和地域属性。

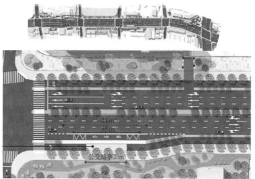

图 6.21　公交站的人性化设计

图 6.22　街道指示标识及座椅家具的设计

家具设施——侧重协调和舒适。如图 6.22 所示，随着老年化的加速，街道空间缺失停留休憩座椅的问题日渐凸显，本工程采用与花坛相结合的座椅设计手法，实用且景观效果好。

3）街道可阅读

（1）修旧如旧、保护更新，重塑历史建筑记忆

如图 6.23 所示，街道沿线建筑风格特色鲜明，不仅有虹口港桥、1933 老场坊等历史保护景点和建筑，也有三多里、嘉德里、春阳小区等风貌居住建筑，在过去"道路主导"理念的指导下，临街建筑或拆或改，有失原貌。如今在"街道"理念引导下，有必要重塑建筑记忆，让每一个建筑都成为街道的音符，并可通过铭牌上扫码"深度"阅读的介绍。精心设计后的标志牌，展现周边地图，简介街区情况，让人文历史成为街道风景的重要组成部分。

（2）地区特色元素回归，精细化设计街道风貌

如图 6.24 所示，杨浦区作为上海的老工业基地，结合在景观上的提升需求，对重要的构筑物、街道家具等进行设计，重现老工业元素风格。

图 6.23　历史保护建筑三多里门头的重塑设计

图 6.24　地区历史元素的精细化体现

4）设计能实施

（1）首次提出工程实施线、道路红线和街道设计线，明确街道设计、实施及管理的权责分界

- 工程实施线——建设用地规划许可证批复，市区责任分界线；
- 道路红线——上位规划确定的道路边界线；
- 街道设计线——本次街道设计的边界线。

如图 6.25 所示，工程实施线范围最小，均在道路红线内部；街道设计线范围最大，局部到道路红线，局部会突破道路红线。本次街道设计弱化了道路红线的概念，重点关注街道设计线，对道路空间和建筑退界空间进行一体化整合考虑，将红线内外空间统筹利用。"三线"是统一规划、统一设计的具体抓手，是缝合街道设计中市、区分工界面的抓手。

图 6.25　"三线"关系示意图

本次街道设计依托"三线"做了如下具体应用：

- 在平面上直观确定街道设计范围，如图 6.26 所示。

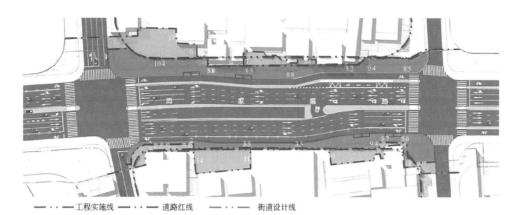

—·—·— 工程实施线　—··—··— 道路红线　———— 街道设计线

图 6.26 "三线"关系典型路段示意图

- 统计实施线内外街道设计工程数量，进而明确市、区分工实施规模与范围。

将街道设计线内墙到墙、建筑立面之间的完整街道设计同步规划、同步设计、同步实施，避免以往工程实施线内外景观、设施设计风格不统一、设计标高不统一，甚至出现重复建设、各自为政的乱象。

（2）开门做规划，充分进行调研和沟通，与美丽街道无缝衔接；方案公示充分吸收各类意见

充分与规划主管部门以及沿线各区、街道、社区进行汇报沟通，与沿线各区正在实施的美丽街道项目进行无缝衔接，发掘街道与社区生活的内在联系，谋求各级政府部门以及相关利益主体之间的最大共识，通过将规划方案公示的公众参与形式，引导市民积极参与讨论，并充分吸收各类意见，优化街道设计方案。

6.4 更新效果

6.4.1 山西北路—河南北路段

选择上海市静安区山西北路—河南北路段的街道空间规划作为改善示范应用对象，现状绿化空间品质较好，但缺乏可进入性。基于街景地图，山西北路—河南北路节点的基本情况如图 6.27 所示。

图 6.27　山西北路—河南北路段（改造前）

利用街道空间品质模型计算改善前的街道空间品质指数为"差"等级，特别是对老年人的通行并不友好。导致该街道空间品质不高的主要影响要素包括：街道可进入性不足、路面障碍物较多、步行空间较窄及平面和纵向视觉不清等负面影响因素，案例街区（改造前）街景识别结果见表 6.1。

表 6.1　山西北路—河南北路段（改造前）街景识别结果

要素	建筑	机动路面	人行道	树	机动车	遮阳设施
识别结果	12.6%	18.2%	16.9%	16.2%	0.0%	5.6%

如图 6.28 所示，本项目采用采用 PoIs、LBS、网络媒体数据等多源数据，集成机器学习、文本语义分析等多种新技术，从便捷、舒适、活力、风貌、生态和安全六个维度，针对各项指标分别进行评估分析。

街道便捷维度评估分析维度，主要分为三个指数测度，分别为设施特色、功能特色和可达性指数。本项目位于道路交叉口，各测度指数均表现优秀，街道便捷维度评价得分为 4.9 分。

街道舒适维度评估的分析维度，主要分为气候舒适度、步行舒适度和街道视觉舒适度三个指数测度，其中气候舒适度方面，因为均在上海这一地理空间，气候方面作统一测度；在街道视觉舒适度方面，街道交叉口因视觉开阔和丰富程度较高，综合评价舒适度分析维度评价得分为 4.0 分。

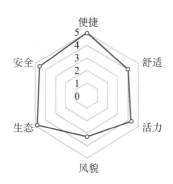

图 6.28　山西北路—河南北路段综合评价雷达图

街道活力分析维度，主要指街道空间的经济活力和社会活力，其分别由街道商业功能与街道上的人群活动及空间形态特征构成。同时，街道作为人们活动的场所，其物质空间环境对人的行为活动产生一定的影响。从经济活力和人群活力两个维度进行分析，本项目位于街道交叉口，人群活力较强，但经济活力相对较弱，综合评价，该项维度得分为 4.2 分。

街道风貌分析维度，主要考量人们在使用街道的过程中，从视觉、出行和日常生活视角所能感受到的空间视觉品质和空间意象。街道风貌维度主要从街道风貌品质和街道风貌意象 2 个指数进行切入。本项目所在位置为一般风貌特征，历史与城市风貌印记相对较弱，综合评价本项维度得分为 3.3 分。

街道生态分析维度，要求在于肉眼可见的绿色包围着街道空间，降低了高频率的车流带来的空间拥挤感、噪声嘈杂感，同时调节了街道的环境气候和空间秩序。本项目组从绿化设施指数和环境品质指数两个方面出发，对街道生态进行评价。本项目的改善着眼点对于街道绿化和街道环境的提升最为看重，综合评价本项得分为 4.8 分。

街道安全分析维度，街道作为城市生活的舞台，市民对城市的认同度多来自于街道上的体验，所以街道安全建设应该成为城市安全建设的主调。从慢行安全指数、车行安全指数以及主观安全指数三个方面出发，对街道安全维度进行测度。分隔带和安全设施的设置很大程度上保证了各种安全，唯一存在影响和隐患的是慢行通过对大型交叉口的影响，综合评价本项得分为 4.6 分。

针对前述在街道品质分项维度定量分析的基础上，提出若干改善措施：顺着人行道方向设置坡道，将坡道延长，上下更加轻松无障碍；扩展步行空间并做流线化处理，增强了舒适度；对周围的万国旗、空调外机作出管理整治要求；对周围绿化作出整改；禁止车辆乱停乱放现象。

案例街区（改善效果图）街景识别结果如图 6.29 和表 6.2 所示。

图 6.29　山西北路—河南北路段（改善效果图）

表 6.2　山西北路—河南北路段（改善效果图）街景识别结果

要素	建筑	机动路面	人行道	树	机动车	遮阳设施
识别结果	0.0%	10.2%	18.6%	18.9%	0.0%	6.5%

　　将改善后的山西北路 / 河南北路节点的街道空间的图片数据代入街道空间品质模型，达到"优秀"级别。

6.4.2　浙江北路路口

　　选择上海市静安区浙江北路路口的街道空间规划作为改善示范对象，现状路口以绿地为主，南北两侧特征分明，基于街景地图，山西北路—河南北路节点的基本情况如图 6.30 所示。

图 6.30　山西北路—河南北路节点（改造前）

　　利用街道空间品质模型计算改善前的街道空间品质指数为"差"等级。导致该街道空间品质不高的主要影响要素包括：路面障碍物较多、步行空间较窄、平面美观度不足和纵向视觉不清等负面影响因素，案例街区（改造前）街景识别结果见表 6.3。

表 6.3　浙江北路路口（改造前）街景识别结果

要素	建筑	机动路面	人行道	树	机动车	遮阳设施
识别结果	8.6%	28.2%	1.9%	11.2%	2.0%	1.6%

　　如图 6.31 所示，本项目采用前述相同的多源数据融合技术针对各项指标分别进行了评估分析。

　　项目位于主干道和支路的道路交叉口，设施特色、功能与可达性均表现优秀，街道便捷维度评价得分为 4.8 分。

基于气候舒适度、步行舒适度和街道视觉舒适度三方面考虑，街道舒适度评价得分为4.1分。

项目位于街道交叉口，人群活力较强，周边有大型商场，经济活力相对较强，街道活力分析维度得分为4.9分。

项目所在位置有历史风貌建筑，考虑到历史与城市风貌印记的展现和保留情况较好，街道风貌分析维度得分为4.7分。

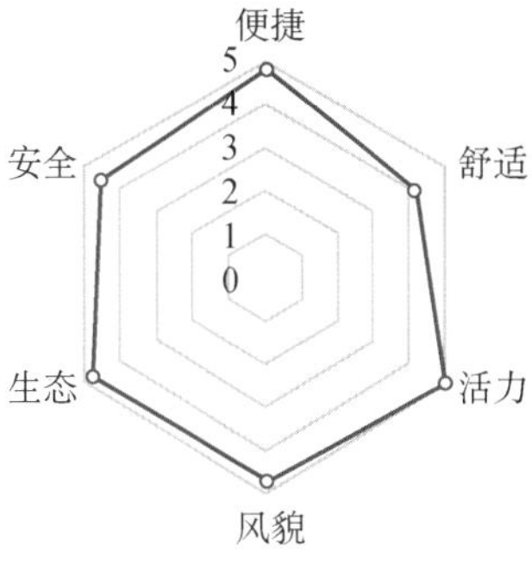

图 6.31　浙江北路路口综合评价雷达图

项目通过街道绿化和街道环境的减少了噪声、环境等方面的污染，整体情况较好，街道生态分析维度得分为4.7分。

此处街道通过设置分隔带和安全设施，较大程度上消除各种安全隐患，唯一存在的隐患是慢行过街对大型交叉口的影响，街道安全分析维度得分为4.6分。

针对前述在街道品质分项维度定量分析的基础上，提出若干改善措施包括：通过定制打孔耐候钢板小品再现老北站的历史风貌、强化中央隔离带绿化设计、设置静安城市标识、增大绿化覆盖率、完善交叉口渠化设计和对交叉口转弯等候区域进行美化设计，并加装隔离花带，增强安全性。

案例街区（改善效果图）街景识别结果如图6.32和表6.4所示。

图 6.32　浙江北路路口（改善效果图）

表 6.4　浙江北路路口（改善效果图）街景识别结果

要素	建筑	机动路面	人行道	树	机动车	遮阳设施
识别结果	8.8%	29.6%	2.9%	18.9%	3.0%	1.9%

　　将改善后的浙江北路路口的街道空间的图片数据代入街道空间品质计算模型，达到"优秀"级别。

参考文献
REFERENCES

［1］阿兰.B.雅各布斯.伟大的街道［M］.北京：中国建筑工业出版社，2009.

［2］曹越皓，杨培峰，沈也迪.基于街景照片与机器学习的街道绿色景观测度方法研究——以舟山海上花园城建设为例［C］.中国城市规划学会、杭州市人民政府.共享与品质——2018中国城市规划年会论文集（05城市规划新技术应用）.中国城市规划学会、杭州市人民政府：中国城市规划学会，2018：49-60.

［3］陈泳，赵杏花.基于步行者视角的街道底层界面研究——以上海市淮海路为例［J］.城市规划，2014，38（06）：24-31.

［4］陈筝，董楠楠，刘颂，等.上海城市公园使用对健康影响研究［J］.风景园林，2017（09）：99-105.

［5］段亚明，刘勇，刘秀华，等.基于宜出行大数据的多中心空间结构分析——以重庆主城区为例［J］.地理科学进展，2019，38（12）：1957-1967.

［6］方智果，宋昆，叶青.芦原义信街道宽高比理论之再思考——基于"近人尺度"视角的街道空间研究［J］.新建筑，2014（05）：136-140.

［7］樊钧，唐皓明，叶宇.街道慢行品质的多维度评价与导控策略——基于多源城市数据的整合分析［J］.规划师，2019，35（14）：5-11.

［8］范榕，吴寒玉，赵锴铮.基于文献计量学的城市景观色彩研究现状与前景［J］.现代城市研究，2018（7）：18.

［9］盖湘涛.城市的色彩美［J］.住宅科技，1986（10）：24-26.

［10］郝新华，龙瀛，石淼，等.北京街道活力：测度、影响因素与规划设计启示［J］.上海城市规划，2016（03）：37-45.

［11］黄生辉，王存颂.街道城市主义：武汉市街道活力量化及影响因素分析［J］.上海城市规划，2020（01）：105-113.

［12］ 蒋浩宇.生活型街道步行空间界面品质测度研究［D］.厦门：厦门大学，2018.

［13］ 季惠敏，丁沃沃.基于量化的城市街廓空间形态分类研究［J］.新建筑，2019（06）：4-8.

［14］ 蒋应红.可漫步的街道——上海市街道设计实践［J］.城市交通，2019，17（02）：26-33+118.

［15］ 刘丙乾，熊文，阎吉豪.基于多时相街景数据的回龙观街道品质研究［C］.中国城市规划学会、重庆市人民政府.活力城乡　美好人居——2019中国城市规划年会论文集（10城市影像）.中国城市规划学会、重庆市人民政府：中国城市规划学会，2019：30-43.

［16］ 刘佳燕，邓翔宇.权力、社会与生活空间——中国城市街道的演变和形成机制［J］.城市规划，2012，36（11）：78-82+90.

［17］ 龙瀛，唐婧娴.城市街道空间品质大规模量化测度研究进展［J］.城市规划，2019，43（06）：107-114.

［18］ 卢济威.新时期城市设计的发展趋势［J］.上海城市规划，2015，000（001）：3-4.

［19］ 芦原义信.街道的美学［M］.天津：百花文艺出版社，2006.

［20］ 钮心毅，吴莞姝，李萌.基于LBS定位数据的建成环境对街道活力的影响及其时空特征研究［J］.国际城市规划，2019，34（01）：28-37.

［21］ 上海市规划和国土资源管理局.上海市街道设计导则［M］.上海：同济大学出版社，2016.

［22］ 邵润青.空间句法轴线地图在方格路网城市应用中的空间单元分割方法改进［J］.国际城市规划，2010，2：62-67.

［23］ 孙谦.数据化时代历史街区保护公众参与及平台搭建研究［D］.武汉：华中科技大学，2016.

［24］ 孙光华.基于城市街景大数据的江苏省街道绿视率分析［J］.江苏城市规划，2019（11）：4-6+29.

［25］ 唐婧娴，龙瀛.特大城市中心区街道空间品质的测度——以北京二三环和上海内环为例［J］.规划师，2017，33（02）：68-73.

［26］ 王建国，崔愷，高源，等.综述：城市人居环境营造的新趋势、新洞见［J］.建筑学报，2018（4）：1-3.

［27］ 王建国.基于人机互动的数字化城市设计——城市设计第四代范型刍议［J］.国际城市规划，2019，33（1）：1-6.

［28］ 王德，王灿，谢栋灿，等.基于手机信令数据的上海市不同等级商业中心

商圈的比较——以南京东路、五角场、鞍山路为例［J］.城市规划学刊，2015，000（003）：50-60.

［29］王冰霄，林耕，曾穗平.显隐互鉴视角下天津中心城区街道设施分布特征及活力提升策略——基于市内六区 PoI 数据［J］.城市住宅，2020，27（04）：139-140+143.

［30］维卡斯·梅赫塔.街道：社会公共空间的典范［M］.北京：电子工业出版社，2016.

［31］吴莞姝，钮心毅.建成环境功能多样性对街道活力的影响研究——以上海市南京西路为例［J］.南方建筑，2019（02）：81-86.

［32］武润宇，侯鑫.基于深度学习的城市空间视野开阔度研究——以天津市中心城区为例［C］.中国城市规划学会、重庆市人民政府.活力城乡　美好人居——2019 中国城市规划年会论文集（05 城市规划新技术应用）.中国城市规划学会、重庆市人民政府：中国城市规划学会，2019：1048-1059.

［33］徐磊青，康琦.商业街的空间与界面特征对步行者停留活动的影响——以上海市南京西路为例［J］.城市规划学刊，2014（03）：104-111.

［34］杨俊宴，曹俊.动·静·显·隐：大数据在城市设计中的四种应用模式［J］.城市规划学刊，2017（04）：39-46.

［35］杨俊宴，吴浩，郑屹.基于多源大数据的城市街道可步行性空间特征及优化策略研究——以南京市中心城区为例［J］.国际城市规划，2019，34（05）：33-42.

［36］杨俊宴，马奔.城市天空可视域的测度技术与类型解析［J］.城市规划，2015，39（03）：54-58.

［37］叶宇，张昭希，张啸虎，等.人本尺度的街道空间品质测度——结合街景数据和新分析技术的大规模，高精度评价框架［J］.国际城市规划，2019（1）：18-27

［38］叶宇，仲腾，钟秀明.城市尺度下的建筑色彩定量化测度——基于街景数据与机器学习的人本视角分析［J］.住宅科技，2019，39（05）：7-12.

［39］叶宇.新城市科学背景下的城市设计新可能［J］.西部人居环境学刊，2019，34（01）：13-21.

［40］叶宇，张灵珠，颜文涛，等.街道绿化品质的人本视角测度框架——基于百度街景数据和机器学习的大规模分析［J］.风景园林，2018，25（08）：24-29.

［41］翟辉，于潮，陈倩.基于空间句法的城市商业网点聚集特征研究——以昆明市老城商业中心区为例［J］.中国名城，2020（06）：50-55.

［42］周垠，龙瀛.街道步行指数的大规模评价——方法改进及其成都应用［J］.
上海城市规划，2017（01）：88-93.

［43］周进.城市公共空间建设的规划控制与引导：塑造高品质城市公共空间的
研究［M］.北京：中国建筑工业出版社，2005.

［44］周钰.街道界面形态规划控制之"贴线率"探讨［J］.城市划，2016，40
（08）：25-29+35.

［45］张梦宇，李钢，陈静勇.保护与更新视角下城市色彩规划的探讨——以北
京老城历史文化街区为例［J］.北京规划建设，2018（04）：93-97.

［46］张灵珠，晴安蓝.三维空间网络分析在高密度城市中心区步行系统中的应
用——以香港中环地区为例［J］.国际城市规划，2019，34（01）：50-57.

［47］张顺.多源大数据下的南京市职住空间分布特征研究——基于手机信令
数据与城市兴趣点的耦合分析［C］.中国城市规划学会、重庆市人民政
府.活力城乡　美好人居——2019中国城市规划年会论文集（05城市规划
新技术应用）.中国城市规划学会、重庆市人民政府：中国城市规划学会，
2019：1098-1108.

［48］BATTY M. The new science of cities［M］. Cambridge, MA: MIT press, 2013.

［49］BATTY M. Defining geodesign (=GIS + Design?)［J］. Environment Planning
B: Planning & Design, Des. 2013, 40: 1-2.

［50］CERVERO R, Kockelman K. Travel demand and the 3Ds: Density, diversity and
design［J］. Transp. Res. Part D Transp. Environ. 1997, 2: 199-219

［51］CHIARADIA A, CRISPIN C, WEBSTER C.sDNA a software for spatial design
network analysis.//http:www.cardiff.ac.uk/sdna/.

［52］CLARE C M. People places: design guidelines for urban open space［M］.
John Wiley and Sons, 1997.

［53］COOPER C, CHIARADIA A, WEBSTER C. 2018. Spatial design network
analysis software, version 3.4, Cardiff University, www.cardiff.ac.uk/sdna/.

［54］COOPER C H, HARVEY I, ORFORDS, et al. Using multiple hybrid spatial
design network analysis to predict longitudinal effect of a major city centre
redevelopment on pedestrian flows［J］. Transportation, 2019: 1-30.

［55］DAWSON-HOWE K. A practical introduction to computer vision with OpenCV
［M］. New Jersey: John Wiley & Sons, 2014.

［56］DUBEY A, NAIK N, PARIKH D, et al. Deep learning the city: quantifying
urban perception at a global scale［C］//University of Amsterdam. Computer
Vision-European Conference on Computer Vision 2016. Amsterdam: Springer

International Publishing, 2016: 1−23.

［57］ EWING R, HANDY S. Measuring the unmeasurable: Urban design qualities related to walkability［J］. Journal of Urban Design. 2009, 14(1): 65−84.

［58］ Ewing R, CERVERO R. Travel and the built environment: A meta-analysis.［J］ J. Am. Plan. Assoc. 2010 (76): 265−294.

［59］ FRANK L D, PIVO G. Impacts of mixed use and density on utilization of three modes of travel: single-occupant vehicle, transit, and walking［J］. Transportation research record, 1994, 1466: 44−52.

［60］ FLAXMAN, M. Geodesign: Fundamental Principles and Routes Forward［R］. GeoDesign Summit ESRI: Redlands, CA, USA, 2010.

［61］ GEHL J, KAEFER L, REIGSTAD S. Close encounters with buildings［J］. Urban Des Int, 2006, 11: 29−47. https://doi.org/10.1057/palgrave.udi.9000162.

［62］ HARVEY C. Measuring streetscape design for livability using spatial data and methods［D］. Burlington: University of Vermont, 2014.

［63］ HILLIER B, PENN A, BANISTER D, et al. Configurational modelling of urban movement network［J］. Environment and Planning B: Planning and Design, 1998, 25(1): 59−84.

［64］ JACOB J. The death and life of great american cities［M］. Modern Library. 1993.

［65］ JACOBS A B. Great streets［M］. Cambridge: MIT Press, 1993.

［66］ JENDRYKE M, BALZ T, LIAO M, et al. Big location-based social media messages from China's Sina Weibo network: Collection, storage, visualization, and potential ways of analysis［J］. Transactions in Gis, 2017, 21(4): 825−834.

［67］ JIANG B, CLARAMUNT C. Integration of space syntax into GIS: new perspectives for urban morphology［J］. Transactions in GIS, 2002, 6(3): 295−309.

［68］ KATZ P, SCULLY V J, BRESSI T W. The new urbanism: toward an architecture of community［M］. New York: McG raw-Hill, 1994.

［69］ LIU X, LONG Y. Automated identification and characterization of parcels with OpenStreetMap and points of interest［J］. Environment and Planning B-planning & Design, 2016, 43(2): 341−360.

［70］ LU Y, SARKAR C, XIAO Y. The effect of street-level greenery on walking behavior: Evidence from Hong Kong. Soc. Sci.［J］.Med, 2018, 208: 41−49.

［71］ MADANIPOUR A. Design of urban space an inquiry into a socio-spatial process [M]. New York: Wiley, 1996.

[72] MONTGOMERY J. Making a city: Urbanity, vitality and urban design [J]. Journal of Urban Design, 1998, 3(1): 93−116.

[73] NADAI M D, STAIANO J, LARCHER R, et al. The death and life of great Italian cities: a mobile phone data perspective [C] //Marie-Claire Forgue. Proceedings of the 25th International Conference on World Wide Web. Montreal: IW3C2, 2016: 413−423.

[74] NAIK N, PHILIPOOM J, RASKAR R, et al. Streetscore-predicting the perceived safety of one million streetscapes [C]. 2014 IEEE Conference on Computer Vision and Pattern Recognition Workshops, 2014: 793−799.

[75] NORDH H, HARTIG T, HAGERHALl C M, et al. Components of small urban parks that predict the possibility for restoration [J]. Urban Forestry & Urban Greening, 2009, 8(4): 225−235, 551.

[76] RATTI C, FRENCHMAN D, PULSELLI R M, et al. Mobile Landscapes: using location data from cell phones for urban analysis [J]. Environment and Planning B-planning & Design, 2006, 33(5): 727−748.

[77] SARKAr C, WEBSTER C, PRYOR M, et al. Exploring associations between urban green, street design and walking: Results from the Greater London boroughs [J]. Landsc. Urban Plan. 2015, 143, 112−125.

[78] SHIMBEL, A. Structural parameters of communication networks [J]. Bull. Math. Biophys, 1953, 15: 501−507.

[79] STEINITZ, C. A framework for geodesign: changing geography by design [M]; Esri Press: New York, NY, USA, 2012.

[80] DING W, TONG Z. An approach for simulating the street spatial patterns [J]. Building Simulation, 2011, 4(4): 321−333.

[81] TRANCIK R. Finding lost space: theories of urban design [M]. New York: Van Nostrand Reinhold, 1986.

[82] VAN EGGERMOND M, ERATH A. Quantifying diversity: an assessment of diversity indices and an application to Singapore [J]. FCL Magazine Special Issue: Urban Breeding Grounds, 2016, 4(2): 30−37.

[83] YAN L, DUARTE F, WANG D, et al. Exploring the effect of air pollution on social activity in China using geotagged social media check-in data [J]. Cities, 2018.

[84] YANG J, ZHAO L, MCBRIDE J, et al. Can you see green? Assessing the

visibility of urban forests in cities [J]. Landscape and Urban Planning, 2009, 91(2): 97−104.

[85] YE Y, VAN NES A. Quantitative tools in urban morphology: Combining space syntax, spacematrix and mixed-use index in a GIS framework [J]. Urban morphology, 2014, 18(2): 97−118.

[86] YE Y, ZENG W, SHEN Q, et al. The visual quality of streets: A human-centred continuous measurement based on machine learning algorithms and street view images [J]. Environment and Planning B: Urban Analytics and City Science, 2019, 46(8): 1439−1457. https: //doi.org/10.1177/2399808319828734.

[87] YE Y, RICHARDS D, LU Y, et al. Measuring daily accessed street greenery: A human-scale approach for informing better urban planning practices [J]. Landscape and Urban Planning, 2018. https://doi.org/10.1016/j.landurbplan.2018.08.028.

[88] YUE Y, ZHUANG Y, YEH A G O, et al. Measurements of PoI based mixed use and their relationships with neighbourhood vibrancy [J]. International Journal of Geographical Information Science, 2017, 31(4): 658−675.

[89] ZHANG L, ChIARADIA A. How to design the metro network for maximal accessibility potential A comparative analysis of Shanghai [C]. 24th ISUF International Conference, València, Spain, 2018.

[90] ZHANG L, YE Y, ZENG W, et al. A Systematic Measurement of Street Quality through Multi-Sourced Urban Data: A Human-Oriented Analysis [J]. International Journal of Environmental Research and Public Health, 2019, 16(10).